人类的氧吧——森林

刘清廷◎主编

时代出版传媒股份有限公司
安徽美术出版社
全国百佳图书出版单位

图书在版编目（CIP）数据

人类的氧吧——森林/刘清廷主编．—合肥：安徽美术出版社，2013.1（2021.11 重印）

（奇趣科学．玩转地理）

ISBN 978-7-5398-4248-6

Ⅰ.①人… Ⅱ.①刘… Ⅲ.①森林-青年读物②森林-少年读物 Ⅳ.①S7-49

中国版本图书馆 CIP 数据核字（2013）第 044202 号

奇趣科学·玩转地理

人类的氧吧——森林

刘清廷 主编

出 版 人：王训海

责任编辑：张婷婷

责任校对：倪雯莹

封面设计：三棵树设计工作组

版式设计：李 超

责任印制：缪振光

出版发行：时代出版传媒股份有限公司

安徽美术出版社（http://www.ahmscbs.com）

地　　址：合肥市政务文化新区翡翠路 1118 号出版传媒广场 14 层

邮　　编：230071

销售热线：0551-63533604 0551-63533690

印　　制：河北省三河市人民印务有限公司

开　　本：787mm×1092mm　1/16　印　张：14

版　　次：2013 年 4 月第 1 版　2021 年 11 月第 3 次印刷

书　　号：ISBN 978-7-5398-4248-6

定　　价：42.00 元

前言 PREFACE

人类的氧吧——森林

覆盖在大地上的郁郁葱葱的森林，是自然界拥有的一笔巨大而又最可珍贵的“绿色财富”。人类的祖先最初就是生活在森林里的。他们靠采集野果、捕捉鸟兽为食，用树叶、兽皮做衣，在树枝上架巢做屋。森林是人类的老家，人类是从这里起源和发展起来的。

当你步入苍翠碧绿的林海里，会骤感舒适，疲劳消失。森林中的绿色，不仅给大地带来秀丽多姿的景色，而且它能通过人的各种感官，调节和改善机体的机能，给人以宁静、舒适、生机勃勃、精神振奋的感觉而增进健康。森林提供包括果子、种子、根茎、块茎、菌类等各种食物，森林灌木丛中的动物还给人们提供肉食和动物蛋白。

森林是陆地生态环境的主体，是大自然的调节器。保护森林就是保护人类生存的环境，也就是保护人类自己。森林与人类息息相关，是人类的亲密伙伴，是全球生态系统的重要组成部分。破坏森林就是破坏人类赖以生存的自然环境，破坏全球的生态平衡，使我们从吃的食物到呼吸的空气都受到影响。读过本书后的你会更加热爱那绿色的天地，让我们为了地球更美好的未来而努力吧！

目录

CONTENTS

人类的氧吧——森林

我国林业地区划分

森林资源现状与保护

世界著名森林

森林与生态环境

森林是陆地生态系统的主体，对促进人与自然和谐发展发挥着重要作用。本章对对立统一的生态环境、森林与生态因子的关系、陆地上最大的生态系统、森林的生态功能等进行了深入系统的介绍。它让我们更关心国家森林和生态建设。

对立统一的生态环境

植物在整个生活过程中，需要不断地从环境中取得必需的物质，用以维持生活和建造自身。环境能对植物的生活过程和生长发育状态发生影响，植物对环境的变化也产生各种不同的反应和多种多样的适应性。植物与环境之间这种对立统一的辩证关系，称之为生态关系。

环境通常泛指生物生存四周空间所存在的一切事物，例如气候、土壤、动物、植物等，其中对于植物有作用的因子，叫生态因子。在某种意义上，生态因子又是对应于植物的种而言的，换句话说，就是在同一个环境中，如果植物的种不同，对它发生作用的生态因子也不尽相同。例如大气中的氮，对非共生的高等植物就不起作用，因为这些植物不能直接利用它，但对固氮菌、根瘤菌以及共生性的高等植物来说，则是它们的生态因子。

奇妙的生态环境

自然界没有固定不变的因子，也没有永远静止的环境，由于地区和时间的不同，每个生态因子在数量上、质量上和持续的时间上等几个方面都有变化。这些变化对植物的生长发育、生理功能和形态结构，都能发生相应的影响，所以环境对植物的生态作用，是在变化中发生的。

自然界没有孤立存在的因子，也没有单一因子的环境，更找不到只需单一因子的生物，所以生态因子不是孤立地、单独地对植物发生作用的，而是综合地构成对植物作用的“生态环境”的。当然，尽管各个因子对植物的作用并不相等，大小强弱各不相同，在一定的时间、地点和植物生长发育的一定阶段，在综合的生态因子中，总是有某个因子起着主导的作用。不过主导因子也好，其他因子也好，任何因子对植物的生态作用，都只能在综合的条件下才能表现出来。生态环境中一个或几个生态因子的变化，无论何等轻微，在不同程度上都足以引起综合的生态环境的改变。例如日照的增加不可避免要引起温度的升高和湿度的减少，施加于植物的生态综合作用也因之而异。

各个生态因子之间既然是相互联系、相互影响的，那么在生态因子的综合运动中，生态因子之间的调节和补偿作用，就具有重大的生态意义。例如充足的土壤水分和空气湿度，在一定程度上可以减轻高温对植物的影响。但是，生态因子间的调节、补偿作用毕竟有一定限度，例如在持续的超极限温度的条件下，充足的土壤水分也不能避免植物的死亡。

生态因子的变化会影响植物，反过来，植物对环境也有不可忽视的影响。例如乱砍滥伐森林，将会导致雨量减少、气候恶化、水土流失甚至沙漠化，以至发生鸟兽迁徙或绝迹的现象；在风沙危害、水土流失的地区，大面积造林却可以防风固沙、保持水土、调节气候。由此可见，植物不但受生态因子的综合影响，也对生态因子产生一定的作用。一定的生态因子和一定的植物生态，总是密切地相互联系的。它们像链条一样地相互连锁，假如某一方面的某个因素遭受破坏，就会引起另一方面发生相应的变化，这就是所谓“生态平衡”的概念。这个概念，在工业化的过程中，已越来越受到重视。在一定条件下形成的生态平衡被破坏后，可以产生局部性甚至灾难性的后果。这个概念，也为植物与生态因子相互之间的辩证关系，添加了新的含义。

森林与生态环境的问题属于植物生态学范畴。植物生态学的任务，就是研究植物和生态因子之间的相互关系，这对保护、利用、改造和栽培植物都有重要意义。在科学技术迅速发展的现代，植物生态学也在不断地发展。自达尔文的进化论发表以后，植物对环境的适应及其地理分布，就已成为植物生态学的主题。进入20世纪以来，从生理学的角度研究植物对生态因子的反应的实验生态学得到了发展，以群体为对象的植物群

趣味点击　渗　透

当利用半透膜把两种不同浓度的溶液隔开时，浓度较低的溶液中的溶剂（如水）自动地透过半透膜流向浓度较高的溶液。

落的研究已成为一个重要的领域，并且由于数理统计的发展和渗透，开拓了统计群落学这样的新的分支。与此同时，以生态因子、植物、动物作为一个整体的生态系统的概念日益受到重视，对于它的生态意义已有许多新的阐述，其中物质循环和能量转换等研究也正在开展之中。

知识小链接

水土流失

人类对土地的利用，特别是对水土资源不合理的开发和经营，使土壤的覆盖物遭受破坏，裸露的土壤受水力冲蚀，流失量大于母质层育化成土壤的量，土壤流失由表土流失、心土流失而至母质层流失，终使岩石暴露。

森林与生态因子的关系

◎森林与光照

太阳光能是地球上一切生物能量的来源，也是森林生存不可缺少的物质基础，没有太阳光，森林就不能生存。

太阳光影响树木的生理活动。树木在整个生长发育过程，都是依靠光合作用所制造的有机物质来维持的，而太阳光则是树木进行光合作用的能量来源，某种意义上说，也是唯一的来源。光照强度对树木的光合作用有较大的影响。在低光照条件下，树木的光合作用较弱。随着光照强度的增加，光合作用强度也随之提高并不断积累有机物质，但光照强度达到一定程度时，光合作用达到了饱和而不再增加。光能够调节气孔的开闭，又能增加树体温度，所以对于树木的蒸腾作用也有明显影响。

太阳光也能影响树木的生长发育，这是由于光合作用所合成的有机物质是树木生长的物质基础，在一定范围内增强光照，有利于光合产物的积累，从而能够促进树木生长。但若树木过度稀疏，又会引起树木枝杈向四周扩展，

太阳光透过树冠

干形弯曲尖削而降低蓄积。所以造林密度，抚育间伐强度和树种混交等营林措施，都必须以太阳光对林木生长的影响作为依据。

太阳光对树木的发育影响很大，具体表现在光照强度和光周期反应对树木开花结实的影响上。树木开花结实必须有充足的营养积累和适宜的环境条件，而充足的光照条件有利于树木营养积累，促进花芽的形成。光也影响树木的形态特征，在全光照下生长的树木，树冠庞大，树干粗矮。在弱光下生长的树木，树干细长，树冠狭窄且集中于上部。长期单方面光照，常会引起树冠的偏冠，甚至导致树干倾斜，髓心不正，降低木材的使用价值。

不同的树种对光照的需要量及适应范围不一样，有些喜欢较强的光，有些能够忍耐庇荫，所以根据树种的庇荫能力的大小，可以将树种划分为喜光树种（即只能在全光照或强光照条件下正常生长发育，而不能忍耐庇荫，在林冠下常不能正常更新）、耐阴树种（能在庇荫条件下正常生长，在林冠下可以顺利更新，有些强耐阴树种甚至只有在林冠下才能完成更新过程）和中性树种（介于上述两者之间的树种）。但是树种对光的要求不是固定不变的。同一树种在不同的环境条件下，对光的要求也有变化。如生长在湿润肥沃土壤上的树木，它的耐阴力就强一些。这是因为土壤湿润、肥沃而补偿了光照的不足。同理，在干燥贫瘠

光照强度

光照强度指光照的强弱，以单位面积上所接受可见光的能量来量度。简称照度，单位勒克斯。照度表示物体表面积被照明程度的量。

的土壤上生长的树木，则多表现出喜光树种的特征。

同一树种的不同年龄阶段，对光照的要求也不一样。一般树木在幼小时期比较耐阴，以后随年龄的增加，需光量逐渐增大，开花结实时需光量最多。例如，在林冠下造林，幼树最初阶段在林冠庇荫下生长得很好，但如果长期地生长在林冠下，就会因光照不足而生长不良。

◎ 森林与温度

森林中的一切生物的生理活动都必须在一定的温度条件下才能进行，而温度的过低和过高都会造成树木生长减弱、停止甚至死亡，并且温度的变化还能引起环境中其他生态因子的变化。

树木的光合作用和呼吸作用都受该树种适应的最低温度和最高温度所限制，同时还存在最适宜的温度。树木的蒸腾作用也受温度的影响，因为气温的高低能改变空气湿度而间接影响蒸腾；气温的变动也可以直接影响叶面温度、湿度和气孔的开闭。

温度对树木的生长发育影响很大，树木的种子只有在一定的温度条件下才能发芽生长；树木生长也在一定的温度范围内进行。一般来说在0℃～35℃的范围内，树木生长随着温度的升高，生长加快。这是因为温度上升将使细胞膜透性增大，对水分和盐类的吸收增多，光合作用强，蒸腾作用加快，促进了细胞的生长和分裂，从而引起树木生长量的增加。

由于温度的影响，树木在一年中有一定的生长期。随着各地区温度条件的不同，生长期的长短不一样，一般南方树木的生长期比北方长。

由于各树种对温度有一定的要求，而不同地区的温度条件又有很大的差别，因此各树种的分布只能局限在一定的范围之内。

蒸腾作用

蒸腾作用是水分从活的植物体表面（主要是叶子）以水蒸气状态散失到大气中的过程。它与物理学的蒸发过程不同，蒸腾作用不仅受外界环境条件的影响，而且还受植物本身的调节和控制，因此它是一种复杂的生理过程。植物幼小时，暴露在空气中的全部表面都能蒸腾。

如杉木只分布于秦岭淮河以南；樟树的北界不过长江；马尾松只能在华中以南地区等。有些树种如果引到自然分布区外而不能成功，往往是受温度因子限制。

森林的水平地理分布也主要受到温度的影响。我国东部季风区从南向北随着温度的降低可以分成赤道带、热带、亚热带、暖温带、温带和寒温带。每个带内由于温度不同，都有其相应的树种和森林类型。

在山地条件下，由于海拔升高而温度降低，因而在不同的海拔上，也相应分布着不同的树种和森林类型。当海拔上升到一定高度后，往往由于温度太低和低温持续时间太长，使得乔木树种很难生长。原来是高大乔木，在这些地方也可能长成矮小的树。

温度有时会出现突然降低和升高现象，尤其是在冬春季节频繁的寒潮袭击，对于树木，特别是一些外来树种的苗木和幼树的生长和生存影响很大。当温度在0℃以下时，会出现冻害，使部分树种的花芽、树条、主干，甚至根部出现死亡现象。同时，还会出现霜害和冻拔等。连续的高温天气，也会使树木发生皮烧或根茎灼伤的现象。

◎森林与水分

水分参与树木一切组织细胞的构成和生命活动，是树木赖以生存的必要条件。降雨、降雪或冰冻等都会给树木的生长带来影响。

水是构成树木体的无机成分之一。树木的所有部分都含有水分，幼嫩部分如根夹、茎夹、形成层、幼果和嫩叶等都含有水分80%～90%，树干的水分含量也有40%～50%，休眠芽的水分为40%左右，连最干燥的种子也含有一定量的水分。

树木体内的一切代谢过程必须在水中才能进行。水分还可以使树木体的一些组织保持膨胀状态，使一些器官保持一定的形状和活跃的功能。当遇到干旱时，树木常因失水过多而发生严重水分亏缺，许多生理过程将受到严重干扰，甚至引起死亡。

水分影响树木的生长发育，降雨是土壤水分的主要来源，树木在生长期内降雨越多，其直径生长越快。树木单株高生长不仅受当年降雨量影响，而

且与往年降雨量的多少也有密切关系。有时降雨的强度和持续时间决定树木生长效果。在开花期间，若阴雨连绵将严重妨碍开花传粉。在果实成熟之前，若降雨过多，将延长成熟期，降雨太少，又会引起落花落果，降低种子的产量和质量。

空气中水汽的含量，显著地制约林地的蒸发和树木的蒸腾作用。当相对湿度很小时，蒸发和蒸腾作用加强，若此时根系吸收的水分供不应求，树木体内的水分就会失去平衡，生长缓慢，甚至引起凋萎。

水分也能限制森林的分布。只有在一定的水分条件下，才能有树木生长。在一个大的地理范围内，森林的分布与降水量的多少有密切关系。可以说森林是在一定温度条件和一定湿度气候下的产物。在我国，一般年降水量多于400毫米的地区才能有森林分布；300～400毫米的地区为森林草原；200～300毫米的地区为草原；200毫米以下则为荒漠地带。

在自然界中，不同的树种对土壤的水分有不同的适应能力，因此可以分为：

耐旱树种：在长期干旱条件下能忍受水分不足，并维持正常生长发育的树种。

拓展阅读

传　粉

传粉是成熟花粉从雄蕊花药或小孢子囊中散出后，传送到雌蕊柱头或胚珠上的过程。传粉是高等维管植物的特有现象，雄配子借助花粉管传送到雌配子体，使植物受精不再以水为媒介，这对适应陆生环境具有重大意义。在自然条件下，传粉包括自花传粉和异花传粉两种形式。传粉媒介主要有昆虫（包括蜜蜂、甲虫、蝇类和蛾等）和风。此外蜂鸟、蝙蝠和蜗牛等也能传粉，还有些植物通过水进行传粉。

湿生树种：能生长在含水量很高的土壤，大气湿度很大的潮湿环境中的树种。

中生树种：生长在中等水湿条件下，不能忍受过干或过湿条件的树种。

◎森林与风

风除了直接影响森林外，更主要的是它能改变空气的湿度和温度，进而改变森林的生态条件，影响光合作用和蒸腾作用。

风与树木的蒸腾作用的关系甚为密切，仅仅是 0.2～0.3 米/秒的小风，也能使蒸腾作用加强 3 倍。随着风速增加，蒸腾作用也逐渐旺盛，但如果风速太大，由于植物耗水过多，叶片的气孔会关闭起来，这时蒸腾作用和光合作用都会显著下降。所以如果树木长时间在干热强风吹袭之下，就会发生枯梢或干死。

风能吹走二氧化碳，降低森林的二氧化碳的含量，从而影响树木的光合作用。

风对树木的繁殖也有影响。大多数乔、灌木树种靠风传粉。一些树种的花粉极微小，能随风飘散几百千米或被风抬升到很高的空中，有的花粉上带有小气囊，更便于随风飘散。这些风媒植物，如果没有风，就不能繁衍后代。有些树木的种实也需借风力传播。

强风会给森林带来严重危害。它能引起树木落花落果，有时还会造成整株树被吹倒或树干被折断。尤其是阵发性大风，其破坏力是相当大的。

◎森林与大气

大气层指地球表面到高空 1100 千米或 1400 千米范围内的空气层。大气层中的空气分布不均匀，愈往高空，空气愈稀薄。在地面以上约 12 千米范围内空气层，其重量约占整个大气层重量的 95%，温度特点是上冷下热，空气对流活跃，形成风、云、雨、雪、雾等各种天气现象，这就是对流层。大气污染也主要发生在对流层的范围内。

空气是复杂的混合物，在标准状态下（0℃、101 千帕）按照体积计算，氮气占 78.08%，氧气占 20.95%，氩气占 0.93%，二氧化碳占 0.032%。其他为氢气、臭氧和氦气等。

上述空气成分以二氧化碳和氧气的生态意义最大。二氧化碳是绿色植物光合作用的主要原料，氧气是一切生物呼吸作用的必需物质，氮转化为氨态氮将是绿色植物重要的养分。除这些直接作用外，大气还通过光、热、水等对森林植物产生间接的影响。因此，大气是森林植物赖以生存的必需条件，没有空气就没有生机。

空气成分的相对比例发生变化及有毒有害物质排放，引起了严重的空气污染。研究污染物对森林植物危害的机制、后果和森林植物的净化作用、监测功能，是污染生态学涉及的重要内容，此外空气流动所形成的风，对森林植物亦有重要的生态作用。反之，森林对这些生态因子也会产生相应的影响。

二氧化碳、氧气的生态平衡

生物界是由含碳的化合物的复杂有机物组成，这些有机物都是直接或间接通过光合作用制造出来的。根据分析，植物干重中碳占45%，氧占42%，其中碳和氧均来自二氧化碳。地球上陆生植物每年大约固定碳200亿~300亿吨，而森林每年约有150亿吨碳以二氧化碳形式转化为木材，占陆地总生产量50%~75%。所以二氧化碳对树木的生长和森林生产量十分重要。

大气圈是二氧化碳的主要贮库和调节器，大气的二氧化碳浓度平均为320毫克/千克，随着时间变化呈现年变化和日变化周期特点。在森林分布地区，由于森林植物光合作用的时间变化规律，二氧化碳浓度与此呈现相适应的变化规律，即生长季二氧化碳浓度降低，休眠季节二氧化碳浓度增加。二氧化碳浓度昼夜变化在林内最高值出现在夜间地表，最低值出现在午后林冠层。

光合作用

光合作用即光能合成作用，是植物、藻类和某些细菌，在可见光的照射下，经过光反应和碳反应，利用光合色素，将二氧化碳（或硫化氢）和水转化为有机物，并释放出氧气（或氢气）的生化过程。光合作用是一系列复杂的代谢反应的总和，是生物界赖以生存的基础，也是地球碳氧循环的重要媒介。

植物吸收大量的二氧化碳，但是大气圈的二氧化碳不仅未减少，反而逐步增加，因为动物、植物呼吸，枯枝落叶分解，加之煤、石油燃烧和火山爆发等都释放二氧化碳。工业革命前，地球大气中的二氧化碳含量是280毫升/升，如按目前增长的速度，到2100年二氧化碳含量将增加到550毫升/升，几乎增加一倍。由于二氧化碳的温室效应，将导致全球气温上升，气候出现异常。

温室效应是指由于大气中二氧化碳、甲烷、臭氧、氟氯烃等气体的含量增加而引起地面升温的现象。太阳辐射透过大气，其中大部分到达地面，地表由于吸收短波辐射后，再以长波的形式向外辐射，大气中的二氧化碳和水汽等允许短波辐射穿过大气，但却滞留地面反射的红外长波辐射，导致地表和大气下层的温度增高。这种效应与大气中的温室气体的含量有关。

温室气体则是指能引起温室效应的气体如二氧化碳、水蒸气、甲烷、臭氧、一氧化二氮、氟氯烃等。

若全球平均温度增加4℃～5℃以上，则会引起高山和两极冰块融化，海平面上升，全球大气环流发生难以预料的变化。

海洋是二氧化碳另一个储蓄库，海洋含碳量比大气约高60倍，因为化石燃料燃烧释放50%～60%的二氧化碳溶解在水体流入海洋，此外还有浮游植物呼吸、有机质分解和地面淋溶增加了海水中的二氧化碳含量；海洋的碳酸盐沉淀又减少了海洋的二氧化碳含量。高纬度海洋通过深层“寒流”将大量吸收大气中的二氧化碳输送到热带地区，从而完成了全球水陆二氧化碳的循环。

氧气主要来源于绿色植物的光合作用，除了部分转化为臭氧，其余都参与生物呼吸代谢活动。

对于森林植物而言，由于土壤中植物的根系、动物、真菌、细菌消耗大量的氧气，而扩散补充过程又异常缓慢，土壤含氧量不足将影响林木根系的呼吸代谢，此情况尤以土壤板结积水时更为突出。

人口密集、工厂林立，使空气中的二氧化碳含量不断增加。当二氧化碳浓度达到0.05%，人会呼吸困难，若增

趣味点击　臭　氧

臭氧是氧的同素异形体，在常温下，它是一种有特殊气味的蓝色气体。臭氧主要存在于距地球表面20千米的同温层下部的臭氧层中。它能吸收对人体有害的短波紫外线，防止其到达地球。

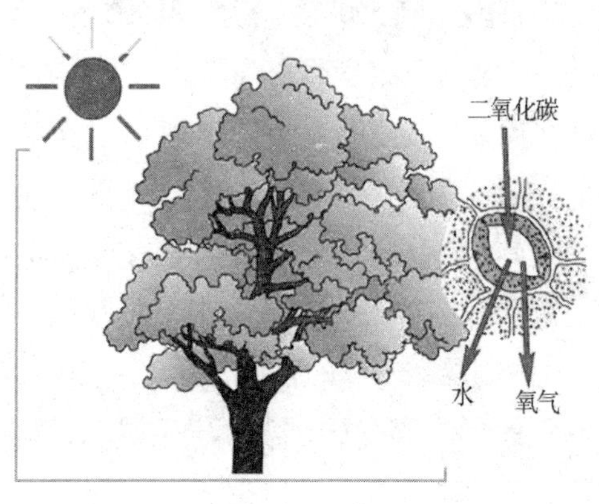

树木的光合作用

至0.2% ~0.6% 就会明显受害。

二氧化碳增加必然消耗大量的氧气。当二氧化碳浓度增加和氧气浓度减少到一定限度时，就会破坏二氧化碳和氧气的平衡，对动物、植物的生长发育和人们的生活健康带来危害。

绿色植物是二氧化碳和氧气的主要调节器。绿色植物通过光合作用每吸收 44 克二氧化碳，就能产生 32 克氧气。根据统计，每公顷森林每天能吸收 1 吨二氧化碳，放出 0.73 吨氧气。营造森林不仅能美化环境，还能调节空气中二氧化碳和氧气的平衡，净化空气。

知识小链接

真　菌

真菌是一种真核生物。最常见的真菌是各类蕈类，另外真菌也包括霉菌和酵母菌。现在已经发现了七万多种真菌，估计只是所有存在的一小半。大多真菌原先被分入动物或植物，现在成为自己的界。

大气污染对树木的危害

大气污染是环境污染的一个方面。现代工业的发展不仅带来了巨大的物质财富，同时也带来了环境污染。当向空气中排放的有毒物质种类和数量愈来愈多，超过了大气的自净能力，便产生了大气污染。

大气污染是指大气中的烟尘微粒、二氧化硫、一氧化碳、二氧化碳、碳氢化合物和氮氧化合物等有害物质在大气中达到一定浓度和持续一定时间后，破坏了大气原组成成分的物理、化学性质及其平衡体系，使生物受害的大气状况。大气污染由大气污染源、大气圈和受害生物三个环节组成。

大气中的有毒物质流动性强，随气流飘落到极远的地方，而且能毒害土壤，污染水体。例如在终年冰雪覆盖的南极洲定居的企鹅体内，已经发现了DDT（现已禁用的杀虫剂）。

大气污染物种类约有一百种，通常分为烟尘类、粉尘类、无机气体类、有机化合物类和放射性物质类。烟尘类引起的大气污染最明显、最普遍，尤以燃烧不完全出现的黑烟更严重。烟尘是一种含有固体、液体微粒的气溶胶。固体微粒有粉尘等；液体微粒有水滴、硫酸液滴等。粉尘类指工业排放的废气中含有许多固体或液体的微粒，漂浮在大气中，形成气溶胶，常见的如水泥粉尘、粉煤灰、石灰粉、金属粉尘等。无机气体类为大气污染物质中的大部分，种类很多，例如二氧化硫、硫化氢、一氧化碳、臭氧、氨、氟、氯气等。此外二氧化碳浓度剧增后，会引起温室效应和形成酸雨。有机化合物类是有机合成工业和石油化学工业发展的附属品。进入大气的有机化合物如有机磷、有机氯、多氯联苯、酚、多环芳烃等。它们来自工业废气，有的污染物进入大气发生系列反应形成毒性更大的污染物。放射性物质类是指放射性物质如铀、钍、镭、钚、锶等尘埃扩散到大气中，降落地面后经化学过程和生物过程，导致食物污染。

酸雨腐蚀后的森林

大气污染物对树木的危害，主要是从气孔进入叶片，扩散到叶肉组织，然后通过筛管运输到植物体其他部位。影响气孔关闭、光合作用、呼吸作用和蒸腾作用，破坏酶的活性，损坏叶片的内部结构；同时有毒物质在树木体内进一步分解或参与合成过程，形成新的有害物质，使树木的组织和细胞坏死。花的各种组织，如雌蕊的柱头，也很容易受污染物伤害而造成受精不良和空瘪率提高。植物的其他暴露部分，如芽、嫩梢等也可受到侵害污染。

基本小知识

气孔

植物保卫细胞之间形成的凸透镜状的小孔称为气孔。保卫细胞区别于表皮细胞的是结构中含有叶绿体，只是体积较小，数目也较少，片层结构发育不良，但能进行光合作用合成糖类物质。气孔在碳同化、呼吸、蒸腾作用等气体代谢中，成为空气和水蒸气的通道，其通过量是由保卫细胞的开闭作用来调节，在生理上具有重要的意义。

大气污染危害一般分为急性危害、慢性危害和隐蔽危害。急性危害是指在高浓度污染物影响下，短时间使叶表面产生伤斑或叶片枯萎脱落；慢性危害是指在低浓度污染物长期影响下，树木叶片褪绿；隐蔽危害系指在低浓度污染物影响下，未出现可见症状，只是树木生理机能受损，生长量下降，品质恶化。

毒性最大的大气污染物有二氧化硫、氟、氯气、臭氧等。

二氧化硫进入叶片，改变细胞汁液 pH 值，使叶绿素去镁而抑制光合作用。同时与同化过程中有机酸分解产生的 α－醛结合，形成羟基磺酸，破坏细胞功能，抑制整个代谢活动，使叶片失绿。

氟通过气孔进入叶片，很快溶解在叶肉组织溶液内，转化成有机氟化合物，阻碍顺乌头酸酶合成。它还可使叶肉组织发生酸性伤害，导致叶脉间出现水渍斑。

拓展阅读

氨基酸

氨基酸是含有氨基和羧基的一类有机化合物的通称。它是生物功能大分子蛋白质的基本组成单位，是构成动物营养所需蛋白质的基本物质。

臭氧是强氧化剂，能将细胞膜上的氨基酸、蛋白质的活性基团和不饱和脂肪酸的双键氧化，增加细胞膜的透性，大大提高植物呼吸速率，使细胞内含物外渗。

大气污染对森林植物危害程度除与污染物种类、浓度、溶解性、树种、树木发育阶段有关外，还决定于环境中的风、光、湿度、土壤、地形等生态因子。

风对大气污染物具有自然稀释功能。风速大于4米/秒，可以移动并吹散被污染的空气；风速小于3米/秒，仅能使污染空气移动。就风向而言，污染源上风向的污染物浓度要比下风向低。

光照强度影响树木叶片气孔开闭。白天光照强度引起气温增加，气孔张开，而夜间气孔关闭。通常有毒气体是从气孔进入植物体内，所以树木的抗毒性夜间高于白天。

降雨能减轻大气污染。但在大气稳定的阴雨条件下，使叶片表面湿润，容易吸附溶解大量有毒物质，从而使树木受害加重。

特殊的地形条件能使污染源扩大影响，或使局部地区大气污染加重。例如，海滨或湖滨常出现海陆风，陆地和水面的环流把大气污染物带到海洋，污染水面。又如，山谷地区常出现逆温层，而有毒气体比重一般都比较大，故有毒气体大量集结在谷地，发生严重污染。很多严重的污染事件，多形成于谷底和盆地地区。

趣味点击 逆温层

一般情况下，在低层大气中，气温是随高度的增加而降低的。但有时在某些层次可能出现相反的情况，气温随高度的增加而升高，这种现象称为逆温。出现逆温现象的大气层称为逆温层。

森林植物的抗性

森林植物的抗性指在污染物的影响下，能尽量减少受害，或受害后能很快恢复生长，继续保持旺盛活力的特性。

树种对大气污染的抗性取决于叶片的形态解剖结构和叶细胞的生理生化特性。根据研究，叶片的栅栏组织与海绵组织的比值和树种的抗性呈正相关；气孔下陷、叶片气孔数量多但面积小，气孔调节能力强，树种的抗性较强；在污染条件下，抗性强的树种细胞膜透性变化较小，能够增强过氧化酶和聚

酚氧化酶的活性，保持较高的代谢水平。

就树种的抗性而言，一般来说，常绿阔叶树 > 落叶阔叶树 > 针叶树。

森林植物的净化效应

森林植物的净化效应通过两个途径实现。

其一，吸收分解转化大气中的有毒物质。通过叶片吸收大气有毒物质，减少大气有毒物质的含量，并使某些有毒物质在植物体内分解转化为无毒物质。

其二，富集作用。吸收有毒气体，贮存在体内，贮存量随时间不断增加。

由于森林植物的净化效应和光合作用、生理代谢过程和气体交换特点，使环境的空气质量得到改善；利用园林绿化防护带对噪音的衰减、遮挡、吸收作用，从而起到减弱噪音的功能。

如果我们在树林里，往往会听到树林外风在呼呼的吼叫，无论多大的风，在密林中也感觉不出来，稍隔一会儿，就可以看到林冠动摇，接着风沿树干吹下，我们才会感到有一股微风吹来。这是因为风的力量大部分消耗在林冠的动摇上，仅有一小部分深入林中，因此林中的风就大大减弱了。

另外，森林还可调节空气湿度。由于风速降低，加之枝叶滞留吸附，含尘量可大为减少，因而能够有力地影响空气的湿度。冬季，绿地里的风速较小，空气的乱流交换较弱，土壤和树木蒸发的水分不易扩散，因此绿地里的绝对湿度普遍高于未绿化地区。春季，树木开始生长，从土壤中吸收大量水分，然后蒸腾散发到空气中去，风速减低，水汽不易扩散，因此绿地内绝对湿度、相对湿度可比没有树的地方增加了，这可以缓解春旱，有利于农业生产。秋季，树木落叶前，树木逐渐停止生长，但蒸腾作用仍在进行，绿地中空气湿度虽没有春、夏季大，但仍比非绿化地区高。夏季，林木蒸腾作用大，比同等面积的土地的蒸发量高 20 倍。所以林多水汽增多，空气容易接近饱和，因此绿地内湿度比非绿化区大。这为人们在生产、生活上创造了凉爽、舒适的气候环境。

加强工厂区绿化造林，并在工厂与农田之间建造隔离防护林带，对减风防沙、防止烟尘危害、调节温湿度，保证农作物、蔬菜的丰收，有重要的意义。

◎森林与土壤

土壤是树木生长和发育的场所，也为树木生活提供必需的水分、养分、温度和空气。在同一气候区内，土壤条件的差异又往往是形成多种森林类型的直接原因。

土壤对树木的生态作用，首先是母岩的不同，而形成了不同的土壤类型，影响树木的生长和不同的森林组成。

土层厚度直接影响着土壤水分和养分状况，通常土层浅薄处，土壤贫瘠干燥，而土层深厚处，土壤较肥沃湿润，同时，土层厚度也决定着树木根系分布的空间范围。同种树木在不同的土层厚度上，其生长量差别很大。在丘陵山地土层瘠薄的山顶、山坡、山脊一般只有马尾松分布；而在土层深厚的山脚和山洼，则生长杉木、毛竹和多树种的混交阔叶林。

不同质地的土壤，具有不同保持养分和水分的能力，所以也影响着树木的生长和分布。沙土蓄水性能差，保肥性能差，只能生长马尾松等耐干旱贫瘠的树种；黏土通气不良，易积水，宜生长的树木较少；土壤既通气透水，又能蓄水保肥，是林业生产上最理想的土壤，适宜多种用材树种和经济林木生长。

不同的土壤结构，会表现出不同的肥力状况和土壤特性，其中团粒结构多的土壤的耕作性能、保水保肥性能及气热状

拓展阅读

毛　竹

毛竹，禾本科竹亚科刚竹属，单轴散生型。常绿乔木状竹类植物，竹秆高可达20米以上，粗达18厘米。毛竹秆高，叶翠绿，四季常青，秀丽挺拔，经霜不凋，雅俗共赏。自古以来，常置于庭园曲径、池畔、溪涧、山坡、石迹、天井、景门，以及室内盆栽观赏。常与松、梅共植，被誉为“岁寒三友”。又无毛无花粉，在精密仪器厂、钟表厂也极适宜。毛竹林面积大、分布广、经济价值较高，生产潜力很大，发展毛竹生产具有重要现实意义。

树木植根于土壤之中

况均好，是树木生长最好的土壤结构形态。

土壤的酸碱反应，影响土壤的肥力和树木的生长情况。不同的树种对土壤的酸碱度表现出不同的适应范围和要求。杉木偏酸性，柏木偏碱性。

土壤为树木生长提供和协调其所需的水、肥、气、热的能力，即土壤肥力，对树木的生长影响十分重大。土壤中的水分含量多少，土壤中的空气是否状况良好，以及土壤温度、养分等情况，都直接给林木的生长带来影响。

在土壤中，还有数量庞大的细菌、真菌、放线菌、藻类等微生物。它们繁殖快、活动性强，对改良土壤和促进树木的生长起着较大的作用。土壤中的微生物可以分解地面的枯枝落叶，并将其转化成树木生长的营养物质。

知识小链接

放线菌

放线菌是原核生物的一个类群。大多数有发达的分枝菌丝。菌丝纤细，宽度近于杆状细菌，约0.5~1微米。放线菌可分为营养菌丝，又称基质菌丝，主要功能是吸收营养物质，有的可产生不同的色素，是菌种鉴定的重要依据；气生菌丝，叠生于营养菌丝上，又称二级菌丝。

豆类植物与土壤中的固氮菌、根瘤菌结成共生体，能够固定大气中的游离氮素，供植物生长用。有些树木的根与真菌共生，形成“菌根”。有的能固氮，有的能分泌酶，增加树木营养的有效性；有的可以产生抗生素，保护幼根免于寄生物入侵；当然，也有些微生物能引起养分损失或分泌有毒物质，给树木生长带来不利的影响。

◎森林与生物

森林中生存着多种植物、动物和微生物，它们之间都相互影响，相互作用。

在林木与林木之间，树冠往往相倚相靠，会产生撞击摩擦，会使树木的叶、芽、幼树受到损伤。根系连生在一块，有利于提高抗风能力，互相交换营养物质和水分等，但也有夺取对方林木生长的养分和水分的不利的一面。因此，林木之间围绕着从环境中获得营养物质和能量，而发生一些相互竞争。树种与树种之间，种内树木与树木之间都可能存在竞争。另外，有些树木的叶、花和根能分泌出特殊的生物化学物质，对其他树木的生长发育产生某些有益作用或抑制和对抗作用。

林木和林下的淡水和草本植物也存在密切联系。森林组成的树种不同，其林下淡水和草本植物的种类和发育状况也不同。在耐阴树种和常绿阔叶树种组成的森林中，林下植物种类和数量都很少，而且是耐阴性的。而在树冠稀疏的阳性树种组成的森林中，林下植物种类繁多，生长茂密，多为喜光性的。反之，下木和草本对林木的生长发育和森林更新影响较大。下木和草本太繁茂，对林木生长不利；根系较深，单株生长的下木，本身消耗水肥较少，且对幼苗幼树有遮阴作用。下木和草本植物对防止森林火灾有重要作用，多数下木不易燃烧，能减轻火灾危险性，但是禾本科杂草则会增加火险性。

林中繁茂的植物

森林中的一些藤本植物，对林木的生长是不利的。它们缠绕在树干上，甚至攀缘到树冠顶部，会在树干上造成螺旋状沟纹或臃肿隆突，

缠绕树干的藤

降低木材质量。在潮湿的环境中，常有一些苔藓、地衣和蕨类植物，借助树根附生在树干、枝、茎以及树叶上，能影响树冠的光照条件和削弱叶片的呼吸作用。有时还会因重量过大，致使树干弯曲或枝条折断。

森林和动物之间也是相互联系的。任何类型的森林中都栖息着种类繁多和数量庞大的动物。森林为动物提供了丰富的食物来源和生活场所。但动物的活动对森林土壤、小气候和森林的生长发育、更新、演替等都有很大的影响。像蚯蚓等能改良土壤；许多植物，是依靠昆虫、鸟类或其他动物来传播花粉的。许多树木的种子需要靠动物来传播。当然，有些昆虫、鸟类和鼠类，是以林木种子为主要食物，常使种子减产，甚至颗粒无收。有些森林害虫以树叶为食，有些以小枝和嫩梢为食，或蛀空树干，常造成树木死亡。因此，人们常把动物对森林的作用区分为有益的或有害的。

◎ 森林与地形

地形对树木的生长是通过对光、温度、水分、养分的重新分配而对森林起作用的。随着海拔、坡向、坡度、坡位的变化，各气象要素及其综合状况都将随之发生变化，因而在不大的范围内也会出现气候、

拓展阅读

地 衣

地衣是真菌和光合生物之间稳定而又互利的联合体，真菌是主要成员。另一种定义把地衣看作是一类专化性的特殊真菌，在菌丝的包围下，与以水为还原剂的低等光合生物共生，并不同程度地形成多种特殊的原始生物体。传统定义把地衣看作是真菌与藻类共生的特殊低等植物。全世界已描述的地衣有500多属，26000多种。从两极至赤道，由高山到平原，从森林到荒漠，到处都有地衣生长。

森林地貌

土壤和植被的差异，可以看到不同植物组合或同种植物的不同物候期。

海拔升高，太阳辐射强度也增加，但因风力渐大，空气渐稀薄，吸热和保暖作用逐渐减弱，故气温下降，生长季缩短。同时降水量和空气湿度随高度增加而增加，但到一定程度会减少。由于气候条件的这些变化，使土壤和森林植被也由低海拔向高海拔顺序变化，最终形成几条不同的垂直带，常称为森林植被垂直带谱。山区的森林垂直分布有一定的限度是因为高山区风速大、日照强、温度低，林木所需的水分常常得不到保证，加上土壤的微生物作用缓慢，使土壤灰化作用增强，肥力降低，所以当达到一定海拔时，树木不再分开，形成树木生长线。

坡向对太阳辐射强度和日照时数影响很大。阳坡日照长，温度高，湿度小，树木生长季长，有机物积累少，较干燥贫瘠，因而多分布喜暖、喜光、耐旱的植物种类。而阴坡情况相反，多分布耐寒、耐阴、耐湿的种类。树木的生长也是南坡早于北坡。坡度的主要影响表现为坡度愈大，水分流失愈多，土壤受侵蚀的可能性也愈大，结果使土壤变得浅薄而贫瘠。所以，在平坡上，土壤深厚肥沃，宜于农作物和一些喜湿好肥的树种生长。缓坡和斜坡，不仅土壤肥厚，而且排水良好，最宜林木生长。陡坡土层薄，石砾多，水分供应不稳定，林木生长较差，林分生产力低。在陡坡和险坡上，常发生塌坡和坡面滑动，基

侵 蚀

侵蚀作用或水土流失是自然界的一种现象，是自然环境恶化的重要原因。由于水的流动，带走了地球表面的土壤，使得土地变得贫瘠，岩石裸露，植被破坏，生态恶化。侵蚀作用可分为风化、溶解、磨蚀、浪蚀、腐蚀和搬运作用。

岸裸露，林木稀疏而低矮。

坡位变化，阳光、水分、养分和土壤条件也发生一系列变化。一般来说，从山脊到山脚，日照时间渐次变短，坡面所获得的阳光不断减少，土壤逐渐由剥蚀过渡到堆积，土层厚度、有机质含量、水分和养分都相应增加，整个生长环境都朝着阴暗、湿润、肥沃的方向发展。因此，在天然植被少受干扰的坡面上，可以看到从上至下分布着对水肥条件要求不同的树种。

陆地上最大的生态系统

在人类居住的地球上，从巍峨的山系到一望无际的平原，从广阔的海域到奔腾不息的江河，蕴藏着十分丰富的植物资源。

人们把覆盖在地球表面上的众多植物形象地称为植被；按照各种植物有规律地组合在一起的现象，又把植被分成各种植物群落。森林就是植物群落中的一个类型。

森林在国民经济中的作用，可以概括为两个方面。一方面是有形的、直接的，就是提供木材和林副产品；另一方面是无形的、间接的，即森林的公益生态经济效益。而间接的森林公益生态经济效益往往高于木材本身价值。现在，世界上有少数国家曾对森林的间接生态效益进行过估算。据报道，美国森林的间接生态效益价值是直接效益价值的九倍。森林在维护整个生态系统的平衡中与社会生产、生活的各个部门，每个环节都发生直接、间接的关系。例如在农业生产上，对于涵养水源、保持水土、防风

拓展阅读

植 被

植被就是覆盖地表的植物群落的总称。它是一个植物学、生态学、农学或地球科学的名词。植被可以因为生长环境的不同而被分类，譬如高山植被、草原植被、海岛植被等。环境因素如光照、温度和雨量等会影响植物的生长和分布，因此形成了不同的植被。

固沙、改良土壤、调节气候以及与人类健康紧密相关的净化大气、防治污染诸方面均有密切关系。从这些意义上说，森林是陆地上最大的生态系统，是地球的净化器。

陆地上最大的生态系统——森林

提起森林，我们就会想到那参天的大树，望不到边的林海。谁也不会把房屋前后、田埂地边、公园庭院中的零星树木或小片树林叫森林。在我国，森林的传统概念是“独木不成林”，“双木为林”，“森林”二字就是由很多的树木组成的。这样的解释，只能说明森林的外表形象，而没有说明森林的本质。就我们今天对森林所认识的本质来说，森林的概念应该是：以乔木为主体，包括草被、动物、菌类等在内的生物群体，与非生物界的地质、土壤、气象、水文等因素构成的自然综合体。也就是说森林不单是乔木，而且还包括林内的其他植物、动物和微生物。

在森林的生物群体中，乔木是最引人注目的部分，与乔木共同生活的还有多种灌木、藤本植物、草本植物、蕨类植物、苔藓植物和菌类，还有多种昆虫、哺乳动物、飞禽和两栖动物等。这些生物之间，结成互相依赖、彼此联系、相互作用、相互影响的关系。其中，树木和其他的绿色植物，是唯一能够把光能转化为化学能的生产者。绿叶是了不起的食品制造厂。它通过光合作用，利用光能和吸收空气中的二氧化碳、土壤中的水分及无机元素，制造成糖类和淀粉，以供养自己生长和发育的需要。动物是这个生物群体中的消费者，它们一部分以植物为食物，另一部分则捕食以植物为食物的动物，因此，这两种动物都离不开植物而单独生存。菌类和一些小动物是分解者，它们能使植物的枯枝落叶、动物的残体和排泄物腐烂分解，变为无机物质，再还原给绿色植物吸收利用。

知识小链接

光能

与光子运动对应的能量形式是光能。光能是由太阳、蜡烛等发光物体所释放出的一种能量形式。光能是一种可再生性能源。

在森林里，就是通过这些生产者、消费者和分解者的“工作”，使有生命的生物群体和无生命的环境之间，各种生物种群之间紧密联系起来，结成不可分割的整体，构成了循环不息的能量转化和物质交换的独立系统。这就是我们常说的森林生态系统。

那么，森林具有什么特点呢?

首先，森林占据的空间大。主要表现在三个方面，一是水平分布面积广，拿我国来说，在我国北起大兴安岭，南到南海诸岛，东起台湾省，西到喜马拉雅山，在广阔的国土上都有森林分布。二是森林垂直分布高度，一般可以达到终年积雪的下限，在低纬度地区分布可以高达 4200 ~ 4300 米。三是森林群落高于其他的植物群落。生长稳定的森林，森林群落的高度一般在 30 米左右，热带雨林和环境优越的针叶林，可达到 70 ~ 80 米，有些单株树木的高度可以达到 150 多米。而草原群落高度一般在 0. 2 ~ 2 米，农田群落高度多数在 0. 5 ~ 1 米。所以森林对空间的利用能力最大。

千年柏树

其次，森林的主要成分树木的生长期长，寿命也很长。在我国，千年古树，屡见不鲜。根据资料记载，苹果树能活 100 ~ 200 年；梨树能活 300 年；核桃树能活 300 ~ 400 年；榆树能活500年；桦树能活600年；樟树能活800年；松、柏树可以超过1000年。树木生长期长，从收获的角度看，好像不如农作物等的贡献大，但从生态的角度看，却能够长期地起到覆盖地面、改善环境的作用。所以森林对环境的影响面大，持续时间长，防护作用大，效益明显。

第三，森林内物种丰富，生物产量高。在广大的森林环境里，生长着众多的森林植物和动物。有关资料表明，地球陆地植物有90%以上存在于森林之中，或起源于森林；森林中的动物种类和数量，也远远大于其他生态系统。而且森林植物种类越多，结构越多样化，发育越充分，动物的种类和数量也就越多。在森林分布地区的土壤中，也有极为丰富的动物和微生物。森林有很高的生产力，加之森林生长期长，又经过多年的积累，它的生物量比其他任何生态系统都高。因此，森林除了是丰富的物种宝库外，还是最大的能量和物质贮存库。

第四，森林是可再生资源。森林只要不受人为或自然灾害的破坏，在林下和林缘不断生长幼龄林木，形成下一代新林，并且能够世代延续下去，不断扩展。在合理采伐的森林迹地和宜林荒山荒地上，通过人工播种造林或植苗造林，可以使原有森林恢复，生长成新的森林。

第五，森林的繁殖能力很强。森林中的多种树木，繁殖更新能力很强，而且繁殖的方式随着树种的不同而有多种多样。有的用种子繁殖，有的用根茎繁殖。有些树木的种子还长成各种形态和具备多种有利于自己传播繁殖的功能。如有的种子带翅，有的外被茸毛，甚至有的还"胎生"。种子的传播依靠风力、重力、水和鸟兽等自然力来完成。树木无性繁殖的树种很多，杨树可用茎

趣味点击　胎生

胎生动物的受精卵一般都很微小。在母体的输卵管上端完成受精，然后发育成早期胚，并下降到子宫，此后就埋入母体的子宫内壁，凭借胎盘和母体连接，吸收母体血液中的营养及氧气，把二氧化碳及废物交送母体血液排除。待胎儿成熟，子宫收缩把幼体排出体外，形成一个独立的新生命。哺乳类动物中除鸭嘴兽、针鼹是卵生外，其他的都是胎生动物。

干繁殖；杉木、桦树等根颈部能萌芽更新；泡桐的根可再发新苗；竹类的地下茎鞭冬春季发笋成竹。

森林所具有的上述特点，为自身在自然界的生存和发展创造了优势条件，也为我们人类怎样合理地进行林业生产提供了依据。

森林的生态功能

森林的生态功能是多样的，对人类社会所能发挥的效益也是多方面的。从前一节中我们已经知道森林对人类社会的作用可归纳为：一是为人类提供生产、生活所需的物质资料，这是直接效益；二是涵养水源、保持水土、防风固沙、调节气候、净化空气等方面的作用，这是间接效益。随着工业的发展，环境污染日益严重；森林遭受严重破坏以后，带来生态环境恶化的后果，使人们越来越清楚地认识到，森林在环境保护方面的作用极其重要。如果用价值来计算，那是远远超过了它所提供的木材和林产品的价值。具体来说，森林主要生态功能和效益，表现在以下各个方面：

◎涵养水源，保持水土

水土流失也叫土壤侵蚀，是山区、丘陵区的森林植被受到严重破坏后，降落的雨水不能就地消纳，顺沟坡下流，冲刷土壤，使土壤和水分一起流失的现象。它是一种严重破坏人类生存环境的灾害。水土流失区，由于肥沃土壤不断随水流失，最终使沃土变为瘠薄不毛之地，从而丧失农业生产的基本条件。一方面，被冲刷下泄的泥沙，经过辗转搬运，填入下游的水库、湖泊，或淤塞江河、渠道，或堆积入海河口，减少了水库、湖泊的蓄水容量，阻碍了洪水的畅通流泄，很容易造成江河洪水泛滥成灾。另一方面，被冲刷的土壤对雨水的渗透力很差，降雨后很快形成地表径流，绝大部分降水迅速流走，而土壤内部能够涵养的水分很少，因而泉源枯竭，河湖水量减少，甚至干涸。被冲刷的土壤面积愈大，地表的径流量也就愈大，形成洪水的时间也愈短。这就使下游河流的河水易涨易落，使良性河流变为恶性河流。这也是造成水旱灾害频繁的一个原因。在坡度陡峭的山区和黄土高原地区，降雨集中时还会发生塌坡和泥石流灾害，使人民生命财产遭受严重损失。

我国的水土流失问题十分严重。据估计，全国水土流失面积约有150万平方千米，平均每年流失的土壤约50亿吨，流失的土壤养分相当于5000万吨化肥。西北黄土高原古代森林密布，土地肥沃，是中华民族五千年文明的发祥地。自春秋战国以来，历代对自然资源的掠夺开发和对森林的长期破坏，致使水土流失日趋严重，肥沃的土地变成了支离破碎的千沟万壑。每年流入黄河的泥沙高达16亿吨，使黄河下游河床每年淤高10厘米，给华北平原造成严重洪水威胁。南方土石山区水土流失的绝对量虽然比西北黄土高原少得多，但是因为土层原来不厚，从其后果的严重性来看，也是丝毫不能忽视的。

黄土高原

黄土高原是世界上最大的黄土沉积区。它位于中国中部偏北。北纬34°~40°，东经103°~114°。东西1000多千米，南北约700千米。它包括太行山以西、青海省日月山以东，秦岭以北、长城以南的广大地区。跨山西、陕西、甘肃、青海、宁夏及河南等省区，面积约40万平方千米，海拔1500~2000米。除少数石质山地外，高原上覆盖深厚的黄土层，黄土厚度在50~80米，最厚达150~180米。黄土高原矿产丰富，煤、石油、铝土储量大。

森林的重要功能之一，是承接雨水，减少落地降水量，能使地表径流变为地下径流，涵养水源，保持水土。山区丘陵有了森林覆盖，林冠如同无数张开的雨伞，雨水从上空降落时，首先受到繁枝密叶的承接，使一部分雨水沿着枝干流入地下，落地的降水量减少；同时，延缓雨水落地时间，削弱了雨滴对土壤表层的溅击强度，土壤受雨水侵蚀的程度就会减低。据测定，林冠所截留的雨水能占到降雨量的15%~40%，5%~10%的雨量可被枯枝落叶层吸收。

另外，林地的土壤疏松，孔隙多，对雨水的渗透性能强，降雨的50%~80%可以渗入地下，成为地下水。因此，林地比无林地每亩最少可以多蓄20

黄土高原千沟万壑景象

立方米水，1 万亩森林地的蓄水量就相当于 100 万立方米容量的水库。降雨经过林冠的截留和林地的渗透贮存，实际流出林地的只不过 1%，雨水的流量既小，而且又受到林下的杂草、灌木丛和枯枝落叶层的阻挡，流动速度也就大大减低，不能形成冲刷土壤的径流。据对祁连山水源林的观测，在高出地面 2000 米的山上，雨后 69.5 天，雨水才能从山上流到山下。

森林在水分循环中起到了“绿色天然水库”的作用，雨多它能吞，雨少它能吐，在维持地球良性水平衡环节中起到举足轻重的作用。

◎净化水源，保护水质

森林不但能涵养水源，而且能净化水源，保护水质。含有大肠杆菌的污水，若从 30~40 米的松林流过，细菌数量可减少到原有的$\frac{1}{18}$。从草原流向水库的 1 升水中含大肠杆菌 920 个（以此作为对照值），从榆树及金合欢林流向水库的 1 升水中，大肠杆菌数比对照值少$\frac{9}{10}$。而从栎林和白蜡、金合欢混交林中流出的 1 升水中，大肠杆菌数只有对照值的$\frac{1}{23}$。

林木可减少水中细菌的数量，在通过 30~40 米林带后，1 升水中所含细菌数量比不经过林带的减少$\frac{1}{2}$。在通过 50 米宽 30 年生杨、桦混交林后，其细菌数量能减少$\frac{9}{10}$以上。

据国外研究，从无林山坡流下来的水中，溶解的物质为 16.9 吨/平方千米，而从有林的山坡流下的水中，溶解物质的含量为 6.40 吨/平方千米。径流通过 30~40 米宽的林带，能使其中氨含量减低。

森林还能影响到水库的水温。在有森林保护的水库中，水温较无森林保护的要低得多。水温的增加被称为热污染，容易使水产生不正常的气味或味道，并影响水中物理、化学及微生物的各种变化。

城市中和郊区的河流、湖泊、水库、池塘、沟渠等有时会受到工厂排放的废水及居民生活污水的污染，水质变差，影响环境卫生及人民健康。而绿化植物有一定的净化污水的能力，这一点应引起注意。在国外有的城市就利用水生植物和绿化植物进行消毒和杀菌，已取得很大成效，并已用到制备用水工艺中来，净化效果很好，相当于微生物的净化作用。

拓展阅读

热污染

热污染是指现代工业生产和生活中排放的废热所造成的环境污染。热污染可以污染大气和水体。火力发电厂、核电站和钢铁厂的冷却系统排出的热水，以及石油、化工、造纸等工厂排出的生产性废水中均含有大量废热。这些废热排入地面水体之后，能使水温升高。在工业发达的美国，每天所排放的冷却用水达4.5亿立方米，接近全国用水量的$\frac{1}{3}$；废热水含热量约2500亿千卡，足够2.5亿立方米的水温升高10℃。

◎防风固沙，护田保土

风蚀也是土壤流失的一种灾害。风力可以吹走表土中的肥土和细粒，使土壤移动、转移。在风沙危害严重的地区，更是风起沙飞，往往埋没了农田和村庄。风对农作物的直接危害更为普遍。在防护林和林带的保护下，可以防止和减轻风的危害。当刮风时，气流受到林木的阻挡和分割，迫使一部分气流从树梢上绕过，一部分气流透过林间枝叶，分割成许多方向不同的小股气流，风力互相抵消，强风变成了弱风。据各地观测表明，一条10米高的林带，在其背风面150米范围内，风力平均降低50%以上；在其背风面250米范围内，风力平均降低30%以上。

防护林带和农田林网不仅能够降低风速，还能增加和保持田间湿度，减轻干热风的危害。我国华北平原是小麦的主要产区，每年5、6月份小麦灌浆

时期，常常受到干热风的侵袭而使小麦逼熟、减产。在林网保护下的农田比无林网农田，小麦产量可以提高 25% 。

◎调节气候，增加降水

森林调节、改善气候的作用，主要表现在：

(1)林内的最高气温与最低气温相差较小，一般特点是冬暖夏凉。这是由于林冠的阻挡，林内获得太阳辐射能较少，空气湿度大，白天林外热空气不易传导到林内。夜间林冠又起到保温作用，所以昼夜、冬夏温差小，林内最高气温低于林外空旷地，最低气温又比空旷地稍高或略低。

(2)林内的地表蒸发比无林地显著减小，一般只相当于无林地的$\frac{2}{5}$~$\frac{4}{5}$。这是因为生长期间的林内气温、土温较低，风速很小，相对湿度大。同时林地有死地被物覆盖，土壤疏松，非毛管性孔隙较多，阻滞了土壤中的水分向大气散发。

(3)林地土壤中含蓄水分多，林内外气体交流弱，可以保持较多的林木蒸腾和林地蒸发的水汽，因而林内相对湿度比林外高，一般可高出10% ~26% ，有时甚至高出 40% 。

(4)森林对降水量的影响虽然人们还存在着不同的看法，但实践证明，无论是对水平降水和垂直降水都有着重要作用。森林里的云雾遇到林木和其他物体凝结而成水滴，或冻结成为固体（雾凇）融化而成水滴降落地面，这就是水平降水。水平降水一般所占比重不大，但个别地区、特别是山地森林，由于水汽丰富，云雾较多，林木使云雾凝结成水滴的作用比较突出。森林的蒸腾作用，对自然界水分循环和改善气候都有重要作用。据有关资

> **趣味点击　雾凇**
>
> 雾凇，在北方常见，是北方冬季可以见到的一种类似霜降的自然现象。它是由于雾中无数零摄氏度以下而尚未结冰的雾滴随风在树枝等物体上不断积聚冻粘的结果，表现为白色不透明的粒状沉积物，因此雾凇现象在中国北方是很普遍的。它在南方高山地区也很常见。

料表明，1 公顷森林每天要从地下吸收 70 ~ 100 吨水，这些水大部分通过茂密枝叶的蒸发而回到大气中，其蒸发量大于海水蒸发量的 50%，大于土地蒸发量的 20%。因此，林区上空的水蒸气含量要比无林地上空多 10% ~ 20%；同时水变成水蒸气要吸收一定的热量，所以大面积森林上空的空气湿润，气温较低，容易成云致雨，增加地域性的降水量。广东省雷州半岛新中国成立以后造林 24 万公顷，覆盖率达到 36%，改变了过去林木稀少时的严重干旱气候。据当地气象站的记载，造林后的 20 年中，年平均降水量增加到 1855 毫米。

◎ 杀毒灭菌，吸尘吸音

森林树木能够营造优美舒适的环境，有吸尘灭菌、消除噪声的功能，对大气污染能够起到重要的净化作用。

（1）吸收二氧化碳，制造氧气。二氧化碳虽然是无毒气体，但是空气中的含量达到 0.05% 时，人呼吸就感到不适了，高达 4% 时就会出现头痛、耳鸣、呕吐症状。树木的光合作用能大量吸收二氧化碳和放出氧气。1 公顷的阔叶林，一天可以吸收 1 吨二氧化碳，释放出 0.73 吨氧气，可供 1000 人呼吸；城市里每个居民只要有 10 平方米的森林绿地面积，就可以全部吸收掉呼出的二氧化碳。

（2）吸收二氧化硫。二氧化硫为无色气体，有强烈辛辣的刺激性气味；和空气的比重为 2.26；1 升二氧化硫在标准状况下重 2.93 克；在 0℃时，1 升水溶解二氧化硫 79.8 克，20℃时溶解 39.4 克二氧化硫。这是一种有害气体，数量多，分布广，危害大。当大气中二氧化硫浓度达到 10 毫克/千克时，就会使人不能长时间继续工作，对眼结膜和上呼吸道黏膜有强烈的刺激作用。它可引起心悸、呼吸困难等心肺疾病，重者可引起反射性声带痉挛，喉头水肿以至窒

趣味点击　眼结膜

眼结膜是覆盖在眼睑内面和眼球前部眼白表面的一层透明薄膜。它常伴有乳白色或者清水样分泌物，使眼睛肿胀发痒。

息；到400毫克/千克时，能造成人的死亡。

二氧化硫在湿度大的空气中，尤其在锰的催化作用下，则转化为硫酸雾，可长时间停留在大气中，其毒性比二氧化硫强十倍。硫酸吸附在1微米以下的飘尘微粒中，被吸入肺的深部，可造成肺组织严重的损害。因此，大气中二氧化硫往往是和飘尘联合侵蚀于人体。在伦敦烟雾事件和东京光化学烟雾事件中，二氧化硫、硫酸雾都起着很大的危害作用。英国每年释放的500万吨二氧化硫中，有390万吨降到大地（其中70万吨被雨水溶去，其他320万吨则被物体表面所吸收），造成了环境污染。

树叶吸收二氧化硫的能力比较强，由于枝叶繁茂，树叶吸收能力比所占土地吸收能力要强8倍以上，可以减少二氧化硫对人体的危害。

知识小链接

硫酸盐

硫酸盐是由硫酸根离子（SO_4）与其他金属离子组成的化合物，都是电解质，且大多数溶于水。硫酸盐矿物是金属元素阳离子（包括铵根）和硫酸根相化合而成的盐类。由于硫是一种变价元素，在自然界它可以呈不同的价态形成不同的矿物。当它以最高的价态S^{6+}与四个O^{2-}结合成SO_4^{2-}，再与金属元素阳离子结合形成硫酸盐。在硫酸盐矿物中，与硫酸根化合的金属元素阳离子有二十余种。

树叶为什么能吸收二氧化硫呢？原来硫是植物体中氨基酸的组成部分，也是林木所需要的营养元素之一，树体中都含有一定量的硫。当二氧化硫被树叶吸收后，便形成亚硫酸盐，然后它能够以一定的速度将亚硫酸盐氧化成硫酸盐。只要大气中二氧化硫的浓度不超过一定的限度（即树叶吸收二氧化硫的速度不超过将亚硫酸盐转化为硫酸盐的速度），则树叶不会受害，并能不断吸收大气中的二氧化硫。当大气中二氧化硫的浓度逐渐增加，会使树叶吸硫量达到饱和。在某种情况下，大气中二氧化硫的浓度高，树叶吸收二氧化硫的速度快、数量大。而且，二氧化硫污染的时间越长，被树叶吸收的二氧化硫量也越大，但并非无止境，在超过了一定的时间如树叶不能承受时，叶片因受害而停止吸收。据测定，用二氧化硫薰温州柑橘树，然后测定叶片中的含硫量，不同部位和年龄吸硫量是不同的。而且二氧化硫浓度不同，其吸收程度也不同。用1毫克/千克二氧化硫薰的叶片含硫量为0.47%，5毫克/千克二氧化硫薰的叶片含硫量为0.68%，而未受二氧化硫薰的叶片含硫量为0.32%。若浓度过高时，树叶会很快受害。

不同树种吸收二氧化硫能力也不相同：0.01平方千米柳杉林每年可吸收二氧化硫约720千克，而259平方千米的紫花苜蓿可吸收二氧化硫约600千克。

（3）吸收氟化物。氟化氢分子量为20.01，为无色有刺激性气体，与空气的比重为0.713，易溶于水，在潮湿空气中形成雾。可由呼吸道、胃肠道或皮肤浸入人体，主要危害骨骼、造血、神经系统、牙齿和皮肤黏膜等。重者可因呼吸麻痹、虚脱等而死亡。

林木与氟的关系是很微妙的。林木可减少空气中氟含量，因为林木吸收氟的能力很强。根据测定，各种植物叶片氟化物含量，一般在0~25毫克/千克。但在大气中有氟污染的情况下，植物叶片能够吸收氟而使叶片中氟化物含量大大提高。如果植物吸收的氟超过了叶片所能承受的限度，则叶片会受到损害。这就走向了另一方面，形成植物对氟的富集作用，桑树和饲料树木的叶子氟含量高即出现对蚕、耕牛的危害。

大气中的氟主要为叶所吸收，转运到叶尖和叶缘；很少从叶入到茎，或再从茎运输到根部。植物体内叶的含氟量通常较茎部为高。大气中的氟主要被植物叶片所吸收，因此氟的污染首先使植物叶片中含氟量增高几倍到几十倍。通常叶片中吸氟量多的植物，具有一定抗氟污染的能力。植物对低浓度氟有很大的净化作用。各种植物在一年内随着季节的变化，体内含氟量也不断变化，一般秋季大于夏季，春季含氟量很少。

根据测定：泡桐、梧桐、大叶黄杨、女贞等抗氟和吸氟的能力都比较强，是良好的净化空气树种。据观测，氟通过80米宽的杂木林带（臭椿、榆树、乌桕、麻栎、梓树、女贞等）后，要比通过空旷地区浓度降低得多。

林木从大气吸收氟时，主要由叶子吸收，然后运转到叶尖端和叶缘，而很少向下运转到根部。相关报道：生长在氟污染地区的重阳木叶含氟量为1.92毫克/克，而茎中只含氟0.5毫克/克，根中只含氟0.02毫克/克。同一叶片的不同部分含氟量也不同，如柳树叶尖含氟量为4.03毫克/克，叶片中部含氟3.53毫克/克，叶基部含氟1.82毫克/克。树叶中含氟量与氟污染源距离有密切关系，一般越近含量越高。氟化物对人畜有害，人食用了过多的含氟量高的粮食和蔬菜会中毒生病，牲畜吃了含氟量高的青草饲料也会中毒生病，故在有氟污染的工厂附近应种植非食用的树种。

拓展阅读

女　贞

女贞，别称冬青，木樨科女贞属常绿乔木，亚热带树种，常用来观赏。它主要分布在江苏、浙江、江西、安徽、山东、福建等地。枝叶茂密，树形整齐，可于庭院孤植或丛植。它可通过播种、扦插、压条法繁殖。叶可蒸馏提取冬青油，用于甜食和牙膏等的添加剂。成熟果实晒干为中药女贞子，性凉，味甘苦，可明目、乌发、补肝肾。

通过造林净化氟还是有一定作用的，对人体健康是有好处的。但因林木对氟有富集作用，所以在选用树种时，应明确是用来吸收氟，而不可作果品、喂蚕、作饲料。有人认为，林木对氟有富集作用，而不应在氟污染区种植林木，这也是不全面的。

(4)吸收氯气。氯分子量70.906，为黄绿色有刺激性气体，与空气的比重为2.49，在标准状况下，一升氯气重3.22克。氯易溶于水和其他有机溶剂中，10℃时一升水能溶解9.97克氯，20℃时一升水能溶解7.29克氯，50℃时一升水能溶解3.9克氯。氯溶解水中形成盐酸和次氯酸，次氯酸根易分解成盐酸和新生态氧。人感觉到氯气的限度为3毫克/立方米，空气中氯以气体状存在。氯气主要通过呼吸道和皮肤黏膜对人体产生中毒作用。当空气中氯含量达0.04~0.06毫克/升时，30~60分钟即可能导致中毒；如空气中氯含量达3毫克/升时，则可引起肺内化学性烧伤而迅速死亡。

受氯气污染的地区，一般树叶都有吸收积累氯气的能力。距污染源近的，叶片中含氯气的量较大，即叶片中氯气含量增加与大气中氯气浓度有关。阔叶树吸氯气能力大于针叶树，有时相差可达十几倍之多。

(5)吸收其他有害气体和重金属气体。氨分子量17.03，为无色气体，有刺激性气味，极易溶于水，当空气中含氨达16.5%～26.8%（按体积）时形成爆炸性混合物。许多植物能吸收氨（如大豆、向日葵、玉米和棉花）。生长在含有氨的空气中的林木，特别是蝶形花科树种，能直接吸收空气中的氨，以满足本身所需要的总氮量的10%～20%。

汞对人有明显的毒害，但有些植物不仅在汞蒸气的环境下生长良好，不受危害，并且能吸收一部分汞蒸气。据测定：夹竹桃含汞96微克/克，棕榈含汞84微克/克，樱花含汞60微克/克，桑树含汞60微克/克，大叶黄杨含汞52微克/克，八仙花含汞22微克/克，美人蕉含汞19.2微克/克，紫荆含汞7.4微克/克，广玉兰含汞6.8微克/克，月桂含汞6.8微克/克，桂花含汞5.1微克/克，珊瑚树含汞2.2微克/克，腊梅含汞1.4微克/克。

有些植物能吸收铅蒸气，据测定，正常植物的灰分中含铅10～100毫克/千克，而公路附近接触过含铅废气的植物，其灰分中铅可达1000毫克/千克。经测定7种林木含铅量（毫克/克）：悬铃木0.0337，榆树0.0361，石榴0.0345，构树0.0347，刺槐0.0356，女贞0.0362，大叶黄杨0.0426。这些树木均未表现受害症状。

> 趣味点击　**夹竹桃**
>
> 夹竹桃，原产印度、伊朗和阿富汗，在我国栽培历史悠久，遍及南北城乡各地。夹竹桃性喜充足的光照，温暖和湿润的气候条件。夹竹桃有红色和白色两种。

据有关报道，栓皮槭、桂香柳等树种能吸收空气中的醛、酮、醇、醚和安息香吡啉等毒气。

(6)吸附尘埃。灰尘、煤烟、炭粒、铅粉等是大气的主要污染物质。长时间呼吸带有这些污染物的空气，能使人感染呼吸道疾病、矽肺等病。

林木对粉尘有很大的阻挡和过滤吸收作用，人们称它为“天然吸尘器”。

这一方面由于林木的防风作用；另一方面因为树叶表面粗糙不平，多绒毛，叶还能分泌油脂或黏液，能滞留或吸附空气中的大量粉尘。比如草地吸附粉尘的能力就比裸露的地面大70倍，森林则大75倍，因此森林吸尘能力最强。当含尘量很大的气流通过树林时，由于风速降低，大粒灰尘降落，再经枝叶滞留吸附，含尘量可大为减少。蒙尘的林木，经过雨水冲刷后，又可恢复其吸附粉尘的能力。应当指出的是，树木的叶面积总数很大。据统计，森林叶面积的总和，为其占地面积的数十倍。

在不同地点的空旷地和绿化地进行了空气中的飘尘量（较小颗粒的粉尘）比较，发现在有林地的飘尘量大大降低，有效地促进了空气清新度，可以参考下表。

距污染源方向及距离	绿化情况	飘尘量（毫克/立方米）	减尘百分比（%）
东南，360米（测定时未处于下风向）	空旷地	1.5	-
	悬铃木（郁闭度0.9）林下	0.7	53.3
西南，30～35米（测定时正处于下风向）	空旷地	2.7	-
	刺秋树丛（郁闭度0.7）背后	1.7	37.1
东，250米（测定时未处于下风向）	空旷地	0.5	-
	悬铃木林带（高15米，宽20米，郁闭度0.9）背后	0.2	60.0

从以上测定结果可知，绿化树木可使飘尘量减少37%～60%，效果是比较明显的。

树木对灰尘的滞留作用在不同的季节有所不同。如冬季无叶，春季叶量少，秋季叶量较多，夏季叶量最多，因此，其吸尘能力与叶量多少成正比。据江苏省植物研究所测定，即使在树木落叶期间，树木的枝干也能减少空气中含尘量的18%。

(7)制造臭氧。高空的臭氧层，能遮蔽太阳发出的大部分紫外线。超音速喷气机排出的废气及某些气溶胶喷雾时所用的氟碳气体，已侵蚀了臭氧层，而使到达地面上的紫外线量增加。长期以来，人们就知道，接受过多的紫外线照射，会使动物和人体产生皮肤癌。目前，人们对小白鼠的实验表明，紫外线还会抑制机体对癌症的抵抗力。这样，紫外线就和其他癌症有关系了。

如果把臭氧通入水土，它会将引起结肠炎、肠炎等细菌以及小儿麻痹等病毒迅速消灭；它能破坏水中苯酚、氰化物，除去铅、铁、锰等金属离子及有机化合物（如农药除莠剂、致癌物）。臭氧用于船舱、矿井、地铁和防空洞中，能清洁空气、杀菌等。如用它来处理污水，除色率高达 90%；用它来氧化丁香油，变成食品重要香料——香兰精（香草香精）。

臭氧，天蓝色、有特殊臭味，常压下温度至 -112.4℃，变成暗蓝色的液体，温度至 -251.4℃，凝成黑色晶体。较大浓度的臭氧很臭，对人的健康有害，会使人严重的喘息。

然而，稀薄的臭氧不仅不臭，反而能给人以清新的感觉，闻着轻松愉快，对肺病有一定治疗作用。雷雨时，闪电划过长空，空气中的氧气在电弧的作用下，将会形成少量的臭氧。雨后呼吸令人有清新、舒畅之感，就是这个道理。松树内含有松脂，易被氧化而放出臭氧来，因此疗养院常设在松林里。住过北戴河疗养区的人都感觉到，海风吹拂，黑松林内格外清爽，这里有很大程度是臭氧的作用。可以说，松林也是臭氧的生产场所之一。

拓展阅读

紫外线

紫外线是电磁波谱中波长从 10 纳米到 400 纳米辐射的总称。1801 年，德国物理学家里特发现在日光光谱的紫端外侧有一段能够使含有溴化银的照相底片感光的光线，于是他发现了紫外线。

(8)吸毒杀菌。许多树木和植物能分泌出杀死结核、伤寒、白喉等多种病菌的杀菌素，可把浓度不大的有毒气体吸收，避免达到有害的浓度。

林木为何能杀菌？一方面由于绿化地区空气中的灰尘减少，从而减少了细菌，因细菌等微生物不能在空气中单独存在和传播，而必须依靠人体、动物的活动或附着在尘土上进行传播；另一方面由于很多植物能分泌杀菌素，杀死周围的病菌。如桉树能杀死结核菌和肺炎菌，地榆根、松、柏、樟、桧

桉 树

柏等许多林木，常常分泌出强烈芳香的植物杀菌素，散发某些挥发性物质。1500 平方米的桧柏，一昼夜能分泌出 30 千克杀菌素。又如野樱树的杀菌素中含有氢氰酸（一种强烈毒素）。如果做个试验，道理就明白了：把野樱树叶弄碎，立即把它放在罐里，并把苍蝇也放在里边，几分钟苍蝇就会中毒而死。用桦木、橙、柠檬、新疆圆柏、银白杨等叶子快速切成小块，放在离含有原生动物水滴 2 ~ 3 毫米的地方。经过 20 ~ 30 分钟，所有单细胞动物全部死亡。地榆根的水浸液，能在 1 分钟内杀死伤寒、副伤寒 A 和 B 的病原和痢疾杆菌的各菌系。

知识小链接

松 脂

松脂是指由松类树干分泌出的树脂，在空气中呈黏滞液或块状固体，含松香和松节油。松脂也称松香、松膏、松胶、松液、松肪。

据调查，闹市区街道空气中的细菌要比绿化地区多 7 倍以上。以城市为例，各类地区的公共场所空气含菌量高达 49700 个；街道次之，为 44000 个；公园 1372 ~ 6980 个；郊区植物园最低，为 1046 个。

城市绿化树种中具有很强杀菌能力的有（括号内的数字为杀死原生动物所需的时间，以“分钟”计算）：

黑胡桃（0. 1 ~ 0. 25）、柠檬桉（1. 5）、悬铃木（3）、紫薇（5）、桧柏（5）、橙（5）、柠檬（5）、茉莉（5）、薜荔（5）、复叶槭（6）、柏木（7）、白皮松（8）、柳杉（8）、栘（9）、稠李（10）、枳壳（10）、雪松（10）。

其他如臭椿、楝树、紫杉、马尾松、杉木、侧柏、樟树、山胡椒、山鸡椒、枫香、黄连木等，也有一定的杀菌能力。

对二氧化硫的吸收量大的树种有：加杨、国槐、桑树、泡桐、紫穗槐、垂柳、大叶黄杨、龙柏、青桐、厚壳、夹竹桃、罗汉松等，松林每天可从1立方米空气中吸收20毫克的二氧化硫，1公顷柳杉每年可吸收720千克二氧化硫。泡桐、梧桐、大叶黄杨、女贞及某些果树的吸氟、抗氟能力比较强，是良好的净化空气树种。黑胡桃、法国梧桐、柠檬、复叶槭、柏木、白皮松、柳杉、稠李、雪松等有很强的杀菌能力。

基本小知识

梧桐

梧桐别名青桐、桐麻，属于梧桐科。梧桐是一种落叶大乔木，高达15米；树干挺直，树皮绿色，平滑。原产中国，我国南北各省都有栽培，为普通的行道树和庭园绿化观赏树。

树木开花的香味，对人体毫无损害，能使空气中充满浓郁的香气，使空气新鲜清洁，增进人类健康。

(9)减少噪音。噪音是现代城市的一种公害。它能使人烦恼和不安，损害人的听力和智力。当噪音达到80分贝时，就能使人感到疲倦和不安；噪音达到120分贝时，就能使人耳朵产生疼痛感。林木有减轻噪音的作用，一般40米宽的林带，可以减低噪音10～15分贝。

森林生态系统

森林不仅能够为人类提供大量的木材，而且在维持生物圈的稳定、改善生态环境等方面起着重要的作用，森林生态系统大多分布在湿润或较湿润的地区。经过对国内外多年林业工作的经验和教训进行总结与思考，我们认识到保护森林生态系统的重要性，为此必须对森林生态系统进行合理的保育与经营。一个多样化、健康、稳定的森林生态系统，是缓解森林资源所承担的巨大压力，实现林业新时期战略任务的物质基础和前提条件。

生态系统的含义

系统是指彼此间相互作用、相互依赖的事物有规律地联合的集合体，是有序的整体。一般认为，构成系统至少要有三个条件：①系统是由许多成分组成的；②各成分间不是孤立的，而是彼此互相联系、互相作用的；③系统具有独立的、特定的功能。

生态系统就是在一定空间中共同栖居着的所有生物（即生物群落）与其环境之间由于不断地进行物质循环和能量流动过程而形成的统一整体。地球上的森林、荒漠、湿地、海洋、湖泊、河流等，不仅它们的外貌有区别，生物组成也各有其特点，生物和非生物构成了一个相互作用、物质不断地循环、能量不停地流动的生态系统。

生态系统这个概念是由英国生态学家坦斯利提出的。他认为："更基本的概念是……完整的系统（物理学上所谓的系统），它不仅包括生物复合体，而且还包括人们称为环境的全部物理因素的复合体……我们不能把生物从其特定的、形成物理系统的环境中分隔开来……这种系统是地球表面上自然界的基本单位……这些生态系统有各种各样的大小和种类。"因此，生态系统这个术语的产生，主要在于强调一定地域中各种生物相互之间、它们与环境之间功能上的统一性。生态系统主要是功能上的单位，而不是生物学中分类学的单位。前苏联生态学家苏卡乔夫所说的生物地理群落的基本含义与生态系统概念相同。

森林生态系统的含义

森林生态系统概括地讲，它是一个由生物、物理和化学成分相互作用、相互联系非常复杂的功能系统。系统内生物成分——绿色植物可以连续生产出有机物质，从而发展成自我维持和稳定的系统。森林生态系统是陆地生态

繁茂的森林生态系统

系统中利用太阳能最有效的类型，尤其是在气候、土壤恶劣的环境条件中，更能发挥其独特功能。世界上所有植物生物量约占地表总生物量的99%，其中森林占植物生物量的90%以上。但由于人类的乱砍滥伐，热带森林正以很快的速度消失。森林破坏的结果是：生物多样性减少、土地荒漠化加剧、沙尘暴次数增多，人类的生存环境变得更为恶劣。为了更好地发挥森林的多种效益（生态效益、社会效益、经济效益），就必须了解和掌握系统内相互作用的生物及它们的物理、化学等过程以及人类活动对它们的影响和变化。森林生态系统是生态系统分类中的一种，是专门研究以树木为主体的生物群落及其环境所组成的生态系统。

森林生态系统主要分布在湿润或较湿润的地区，其主要特点是植物种类繁多，群落的结构复杂，种群的密度和群落的结构能够长期处于稳定的状态。

森林中的植物以乔木为主，也有少量灌木和草本植物。森林中还有种类繁多的动物。森林中的动物由于在树上容易找到丰富的食物和栖息场所，因而营树栖和攀缘生活的种类特别多。如犀鸟、树蛙、松鼠、貂、蜂猴、眼镜猴和长臂猿等。

森林不仅能够为人类提供大量的木材和林副业产品，而且在维持生物圈的稳定、改善

趣味点击　犀　鸟

犀鸟是一种奇特而珍贵的大型鸟类。犀鸟以某些种类上嘴基部的骨质盔突出而著名。它的嘴就占了身长的$\frac{1}{3}$到一半，宽扁的脚趾非常适合在树上的攀爬活动，一双大眼睛上长有粗长的眼睫毛。最古怪的是在它的头上，长有一个铜盔状的突起，叫盔突，就好像犀牛的角一样，故得名犀鸟。

生态环境等方面起着重要的作用。例如，森林植物通过光合作用，每天都消耗大量的二氧化碳，释放出大量的氧，这对于维持大气中二氧化碳和氧含量的平衡具有重要意义。又如，在降雨时，乔木层、灌木层和草本植物层都能够截留一部分雨水，大大减缓雨水对地面的冲刷，最大限度地减少地表径流。枯枝落叶层就像一层厚厚的海绵，能够大量地吸收和贮存雨水。因此，森林在涵养水源、保持水土方面起着重要作用。

森林生态系统的格局与过程

生态系统是典型的复杂系统，森林生态系统更是一个复杂的巨大系统。森林生态系统具有丰富的物种多样性，结构多样性，食物链、食物网以及功能过程多样性等，形成了分化、分层、分支和交会的复杂的网络特征。认识和揭示复杂的森林生态系统的自组性、稳定性、动态演替与演化、生物多样性的发生与维持机制、多功能协调机制以及森林生态系统的经营管理与调控，需要以对生态过程、机制及其与格局的关系的深入研究为基础，生态系统的格局和过程一直是研究的重点，是了解森林生态系统这一复杂的巨大系统的根本，不仅需要长期的实验生态学方法，更需要借助复杂性科学的理论与方法。

森林生态系统的组成与结构的多样性及其变化，涉及从个体、种群、群落、生态系统、景观、区域等不同的时空尺度，其中交织着相当复杂的生态学过程。在不同的时间和空间尺度上的格局与过程不同，即在单一尺度上的观测结果只能反映该观测尺度上的格局与过程，定义具体的生态系统应该依赖于时空尺度及相对应的过程速率，在一个尺度上得到的结果，应用于另一个尺度上时，往往是不合适的。森林资源与环境的保护、管理与可持续经营问题主要发生在大、中尺度上，因此必须遵循格局－过程－尺度的理论模式，将以往比较熟知的小尺度格局与过程和所要研究的中、大尺度的格局与过程建立联系，实现不同时空尺度的信息转换。因此，进入 20 世纪 90 年代以来，生态学研究已从面向结构、功能和生物生产力转变到更加注重过程、格局和尺度的相关性。

◎ 生态格局

物种多样性的空间分布格局是物种多样性的自然属性，主要分两大类：一类是自然界中的基本且具体的形式，如面积、纬度和栖息地等；另一类是特殊抽象的形式，如干扰、生产率、活跃地点等。面积对物种多样性的影响显而易见。“假如样地面积更大，就会发现更多的物种”这一假说已经得到广泛的证实。

不同生物类群在森林中的分布格局，如树木、灌木及草本植物等的分布，都会影响到系统的生物及非生物过程。种群分布格局是系统水平格局研究的经典内容；相对于种群而言，其他方面的研究如不同种群或不同生物类群间分布格局的相互关系及其影响等，研究尚少。

拓展阅读

纬 度

纬度是指某点与地球球心的连线和地球赤道面所成的线面角，其数值在0°~90°。位于赤道以北的点的纬度叫北纬，记为N；位于赤道以南的点的纬度称南纬，记为S。

环境因子在大的尺度上随纬度、海拔、地形、地貌等会有很大差异。大尺度的环境要素控制森林的区域分布，形成了区域性的森林植被类型；中小尺度的环境变化影响森林结构组成，进一步影响系统中物种的分布格局。大尺度环境要素与森林分布格局的关系是经典的生态学研究内容，研究工作也非常深刻和广泛。

◎ 生态过程

碳循环过程

碳是构成有机体的主要元素。碳以二氧化碳的形式储存在大气中，绿色

植物从空气中取得二氧化碳，通过光合作用，把二氧化碳和水转变成简单的糖，并放出氧，供消费者（各种动物）需要。当消费者呼吸时释放出二氧化碳，又被植物所利用。这是碳循环的一个方面。

第二个方面，随着这些有机体的死亡和被微生物所分解，把蛋白质、碳水化合物和脂肪破坏，最后氧化变成二氧化碳和水及其他无机盐类，二氧化碳又被植物吸收利用，参加生态系统再循环。

第三个方面，人类燃烧煤、石油、天然气等化石（是生物有机体残体埋藏在地层中形成的）燃料，增加了空气中的二氧化碳成分。

知识小链接

天然气

天然气，是一种多组成成分的混合气态化石燃料，主要成分是烷烃，其中甲烷占绝大多数，另有少量的乙烷、丙烷和丁烷。它主要存在于油田和天然气田，也有少量出于煤层。天然气燃烧后无废渣、废水产生，相比煤炭、石油等能源有使用安全、热值高、洁净等优势。

第四个方面，碳酸岩石从空气中移走部分二氧化碳，溶解在水中的碳酸氢盐被径流带到江河，最后也归入海洋，海中的碳酸氢钙在一定条件下转变成碳酸钙沉积于海底，形成新的岩石，形成碳循环；海水中的钙可为鱼类、介壳类等生物摄取构成贝壳、骨骼转移到陆地。

此外，火山爆发等自然现象，使部分二氧化碳回到大气层，参加生态系统的循环和再循环。

森林与二氧化碳的循环关系密切。二氧化碳是林木光合作用的主要原料，是林木生长和干鲜果品产量的主要物质基础，果品、淀粉、油脂等产量的5% ~10% 是来自土壤矿物质；90% ~95% 是在光合作用中形成的，其中最主要的来源是空气中的二氧化碳。在光合作用中，利用光能把二氧化碳和水改造成糖和淀粉。早期，人们并不知道植物从空气中吸取二氧化碳。二氧化碳这个气体在空气中还达不到万分之三，它通过以上四个循环，特别是由植物通过光合作用，把它从空气中取回，重新造成有益的天然产物。

森林对二氧化碳的循环是通过光合作用进行的。森林吸收二氧化碳，经过阳光照射和叶绿体作用，制造成氧和碳水化合物，这种功能能有效调节空气的成分。

高浓度的二氧化碳是一种大气污染物质。

拓展阅读

叶绿体

叶绿体是植物体中含有叶绿素等用来进行光合作用的细胞器，是植物的“养料制造车间”和“能量转换站”。

目前，地球上的二氧化碳含量不断增加。由于石油、煤炭、天然气等广泛利用，排出的二氧化碳废气越来越多，同时世界上大片森林植被被砍伐，大面积草原被开垦，绿色植物吸收二氧化碳的面积大大减少。特别是随着大城市中二氧化碳排出量的增加，全球二氧化碳含量有了显著的增加。一个400万人口的城市，不用说煤炭、石油、天然气的燃烧放出二氧化碳，只是人们一天的呼吸就产生300多万千克二氧化碳。在工业发达国家，工业畸形发展，人口高度集中，使城市和工矿区二氧化碳浓度越来越高，氧气越来越不足。据统计，美国国土上全部植物释放出的氧气，只是美国石油燃烧需氧量的60%，另外40%主要靠大气环流从海洋送来。

于是，海水中的二氧化碳比大气圈中高60多倍，大约有1×10^{11}吨的二氧化碳在大气圈和海洋之间不断进行循环和交换。但是由于海洋中的油污染，在一定范围内影响了大气同海水的交换作用。由于以上种种原因，造成空气中的二氧化碳含量不断上升。

二氧化碳上升引起了低层大气的温度升高。因为二氧化碳对可见光几乎是完全可以透过的，但在红外光谱中13～17微米范围内，二氧化碳具有强烈的太阳光吸收谱线，它能透过太阳辐射，却难于透过反射的红外线辐射（热量），加之二氧化碳的比重较大，多下沉于近地面的气层中，因而使低层大气

的温度升高。据统计，在近百年来，由于人类大量燃烧化石燃料的结果，大气圈中二氧化碳的百分比在局部地区发生了变化，有时由0.027%（按体积）增加到0.032%。而近十年中平均每年在原基础上增加0.2%。从1970年开始到2000年，大气圈中的二氧化碳数量迅猛的增加（从0.032%增加到0.037%），引起全球性温度的增高，温度增加3℃时可引起局部地区变暖，增加4℃~5℃以上，甚至会引起南北两极冰盖的融化。另一方面观察，大气中粉尘也不断增加，在一定程度上减少太阳辐射强度，会使气温下降，这样就有可能抵消因二氧化碳增加而引起的温度的变化。

由于二氧化碳的增加，在大城市上空二氧化碳有时可达空气的0.05%~0.07%，局部地区甚至可达0.2%。二氧化碳虽是无毒气体，但是，当空气中的浓度达0.05%时，人的呼吸已感不适；当含量超过0.2%时，对人体开始有害；达到0.4%时，使人感到头疼、耳鸣、昏迷、呕吐；增加到1%以上就能致人死亡。

拓展阅读

太阳辐射

太阳辐射是指太阳向宇宙空间发射的电磁波和粒子流。地球所接受到的太阳辐射能量仅为太阳向宇宙空间放射的总辐射能量的二十亿分之一，但却是地球大气运动的主要能量源泉。

地球开始形成时的大气状态与现在完全不同。当时大气中二氧化碳的含量约达91%，几乎没有氧气，所以没有生命。只是到了始生代末期，出现了能够进行光合作用的绿色植物，氧和二氧化碳的比例才发生了变化。大气中的氧气，是亿万年来植物生命活动所积累的。据估计，地球上60%以上的氧来自陆地上的植物，特别是森林。这一变化充分说明了森林对大气形成的作用。

植物吸收二氧化碳的能力很大，植物叶子形成1克葡萄糖需要消耗2500升空气中所含的二氧化碳。而形成1千克葡萄糖，就必须吸收250万升空气所含的二氧化碳。在进行光合作用时，每平方厘米的梓树叶面，每小时能吸收0.07立方厘米的二氧化碳。世界上的森林是二氧化碳的主要消耗者。通常1公顷阔叶林，在生长季节，一天可以消耗1吨二氧化碳，放出0.73吨氧。如果以成年人每天呼吸需要0.75千克氧、排出0.9千克二氧化碳计算，则每人有10平方米的森林面积，就可以消耗掉每人因呼吸排出的二氧化碳，并供给需要的氧。

生长茂盛的草坪，在光合作用过程中，每平方米草坪1小时可吸收1.5克二氧化碳，按每人每小时呼出的二氧化碳约为38克计算，只要有25平方米的草坪，就可把一个人白天呼出的二氧化碳吸收掉，加上夜间呼吸作用所增加的二氧化碳，则每人有50平方米的草坪面积，即可保持整个大气含氧量的平衡。

葡萄糖

葡萄糖又称为玉米葡糖、玉蜀黍糖，甚至简称为葡糖，是自然界分布最广且最为重要的一种单糖。纯净的葡萄糖为无色晶体，有甜味但甜味不如蔗糖，宜溶于水，微溶于乙醇，不溶于乙醚。水溶液旋光向右，故亦称“右旋糖”。葡萄糖在生物学领域具有重要地位，是活细胞的能量来源和新陈代谢中间的产物。植物可通过光合作用产生葡萄糖。其在糖果制造业和医药领域有着广泛应用。

养分循环过程

在生态系统中，养分的数量并非是固定不变的，因为生态系统在不断地获得养分，同时也在不断地输出养分。森林生态系统的养分在系统内部和系统之间不断进行着交换。每年都有一定的养分随降雨、降雪和灰尘进入到生态系统中。森林中的大量叶片有助于养分的吸取。活的植物体能够产生酸，而死的植物体的分解过程中也能产生酸，这些酸性物质能溶解土壤的小石子以及下层的岩石。当岩石被溶化时，各种各样的养分元素得到了释放并有可能被植物吸收。这些酸性物质在土壤的形成过程中起到了关键的作用。山体上坡的雨水通过土壤渗漏也可以为下坡的生态系统带来养分。多种微生物依靠自身或与固氮植物结合可获取空气中的游离氮（这种氮不能被植物直接吸收利用），并把它转化成有机氮为植物所利用。

一般来说，在一个充满活力的森林生态系统中，地球化学物质的输出量小于输入量，生态系统随时间而积聚养分。当生态系统受到火灾、虫害、病害、风害或采伐等干扰后，其形势发生了逆向变化，地球化学物质的输出量大大超过了其输入量，减少了生态系统内的养分积累，但这种情况往往只能持续一两年，因为干扰后其再生植被可重建生态系统保存和积累养分的能力。当然，如果再生植被的生长受到抑制，那么养分丢失的时间和数量将进一步加剧。如果森林在足够长的时间内未受干扰，使得树木、小型植物及土壤中的有机物质停止了积累，养分贮存也随之结束，那么此时地球化学物质的输入量与输出量达到了一个平衡。在老龄林中，不存在有机物质的净积累，因此它与幼龄林及生长旺盛的森林相比贮存的地球化学物质要少。地球化学物质的输出与输入平衡在维持生态系统长期持续稳定方面起到了很重要的作用。

水文过程

森林水文学，包括森林植被对水量和水分循环的影响及其环境效应，以及对土壤侵蚀、水质和小气候的影响。

森林能否增加降水量，是森林水文学领域长期争论的焦点问题之一。迄今为止，关于森林与降水量的关系存在着截然相反的观点和结果。一种观点认为森林对垂直降水无明显影响，而另一种观点认为森林可以增加降水量。森林植被对流域产水量的影响，也存在着同样的争论。这些争论的存在引起了对森林植被特征与水文关系机制研究的重视。森林地被物的水文作用正逐渐得到重视，除拦截降水和消除侵蚀动能外，还能增加糙率、阻延流速、减少径流与冲刷量。

蒸散一般是森林生态系统的最大水分支出，森林蒸散受树种、林龄、海拔、降水量等生物和非生物因子的共同作用。随纬度降低，降水量增加，森林的实际蒸散值呈现略有增加的趋势，但相对蒸散率（蒸散占同期降水量之比）随降水量的增加而减少，其变化在40%～90%。

森林对水质的影响主要包括两个方面：一是森林本身对天然降水中某些

化学成分的吸收和溶滤作用，使天然降水中化学成分的组成和含量发生变化；二是森林变化对河流水质的影响。20 世纪 70 ~ 80 年代，酸雨成为影响河流水质和森林生态系统健康的主要环境问题。为了定量评价大气污染对森林生态系统物质循环的影响，森林水质研究受到了广泛的重视。随着点源和非点源污染引起水质退化成为影响社会经济可持续发展的重大环境问题，建立不同时间和空间尺度上化学物质运动的模拟模型，成为当前评价森林水质影响研究的主要任务。

知识小链接

酸 雨

酸雨正式的名称是酸性沉降，它可分为“湿沉降”与“干沉降”两大类。前者指的是所有气状污染物或粒状污染物，随着雨、雪、雾或雹等降水形态而落到地面。后者则是指在不下雨的情况下，从空中降下来的落尘所带的酸性物质。

能量过程

能量流动是生态系统的主要功能之一。能量在系统中具有转化、做功、消耗等动态规律，其流动主要通过两个途径实现：其一是光合作用和有机成分的输入；其二是呼吸的热消耗和有机物的输出。在生态系统中，没有能量流动就没有生命，就没有生态系统；能量是生态系统的动力，是一切生命活动的基础。

生态系统最初的能量来源于太阳，绿色植物通过光合作用吸收和固定太阳能，将太阳能变为化学能，一方面满足自身生命活动的需要，另一方面供给异养生物生命活动的需要。太阳能进入生态系统，并作为化学能，沿着生态系统中生产者、消费者、分解者流动，这种生物与生物间、生物与环境间能量传递和转换的过程，称为生态系统的能量流动。

生态系统中能量流动的特征，可归纳为两个方面：一是能量流动沿生产

者和各级消费者顺序逐步被减少；二是能量流动是单一方向，不可逆的。能量在流动过程中，一部分用于维持新陈代谢活动而被消耗，一部分在呼吸中以热的形式散发到环境中，只有一小部分做功，用于形成新组织或作为潜能贮存。由此可见，在生态系统中能量传递效率是较低的，能量愈流愈细。一般来说，能量沿绿色植物向草食动物再向肉食动物逐级流动，通常后者获得的能量大约只为前者所含能量的 10%，即$\frac{1}{10}$，故称为“十分之一定律”。这种能量的逐级递减是生态系统中能量流动的一个显著特点。

目前，森林能量过程的研究多以干物质量作为指标，这对深入了解生态系统的功能、生态效率等具有一定的局限性。研究生态系统中的能量过程最好是测定组成群落主要种类的热值或者是构成群落各成分的热值。能量值的测定比干物质测定能更好地评价物质在生态系统内各组成成分间转移过程中质和量的变化规律。同时，热值测定对计算生态系统中的生态效率是必需的。

趣味点击　太阳能

太阳能是指太阳光的辐射能量，在现代一般用作发电。自地球形成以来，生物就主要以太阳提供的热和光生存，而自古人类也懂得以阳光晒干物件，并作为保存食物的方法，如制盐和晒咸鱼等。但在化石燃料减少的情况下，才有意把太阳能进一步发展。太阳能的利用有被动式利用（光热转换）和光电转换两种方式。太阳能发电是一种新兴的可再生能源。

能量现存量指单位时间内群落所积累的总能量。包括生态系统中活植物体与死植物体的总能量，是根据系统各组成成分样品的热值和对应的生物量或枯死量所推算的。由于能量贮量与生物量正相关，生物量大，能量现存量也愈大。生物量主要取决于年生产量和生物量净增量，乔木层不但干物质生产量较大，而且每年绝大部分生产量用于自身生物量的净增长，年凋落物量很小，其现存量较大。下木层和草本层年生产量小，特别是林冠层郁闭度过大的林分，加之大部分能量以枯落物形式存在，其现存量较低。对于整个生态系统，要获得最大的能量积累，必须合理调配乔、灌、草的空间结构，提高系统对能量的吸收和固定。

生物过程

在森林生态系统中，生物占有重要地位。森林生物多样性形成机制与古植物区系的形成与演变、地球变迁与古环境演化有密切关系；现代生长环境条件包括地形、地貌、坡向和海拔所引起的水、热、养分资源与环境梯度变化对森林群落多样性的景观结构与格局产生影响，从而形成异质性的森林群落空间格局与物种多样性变化；自然和人为干扰体系与森林植物生活史特性相互作用是热带森林多物种长期共存、森林生物多样性维持及森林动态稳定的重要机制。

森林采伐一般对生物多样性产生影响。人类活动引起的全球环境变化正在导致全球生物多样性以空前的速度和规模产生巨大的变化，而且生物多样性的变化被认为是全球变化的一个重要方面。在全球影响生物多样性的主要因素包括土地利用变化、大气二氧化碳浓度增加、氮沉降、酸雨、气候变化和生物交换（有意或无意地向生态系统引入外来动植物种）。对于陆地生态系统而言，土地利用变化可能对生物多样性产生最大的影响，其次是气候变化、氮沉降、生物交换和大气二氧化碳浓度增加。其中，热带森林区和南部的温带森林区生物多样性将产生较大的变化；而北方的温带森林区由于已经经历了较大的土地利用变化，所以其生物多样性产生的变化不大。

森林生态系统的物质循环

森林生态系统的物质循环既涉及森林生态系统与外部相邻生态系统之间营养物质输入输出的变化，又要研究森林生态系统内部营养物质的循环。森

林生态系统内部营养物质的循环是指植物营养元素在森林群落和土壤之间往复变迁的过程，是由于生物能的驱动，物质循环发生了质的变化，使营养元素在生物有机体与环境之间反复循环。对森林生态系统物流分析着重于物流的方式和在各种生物有机体中运转速度测定，特别着重组织中营养元素的分析，并与生物量、净生产量的测定相结合，同时必须测定降雨带入土壤中的养分流动，以及生产者、消费者和分解者各营养级与土壤养分的输入和输出测定，森林生态系统养分的动态关系。

森林生态系统的养分在生物有机体内各不相同。森林与土壤间的循环可将大部分硝酸盐和磷酸盐集中于树木之中，而大部分钙集中于土壤中。土壤中的养分则主要依赖于枯枝落叶腐烂和根系吸收之间的周转，森林与土壤间矿物质营养物质循环是迅速和近乎于封闭的。

森林生态系统内物质循环由三个环节组成。

第一环节：吸收。主要指植物根系对各种化学元素的吸收。

苔　藓

苔藓植物属于最低等的高等植物。植物无花，无种子，以孢子繁殖。在全世界约有23000种苔藓植物，中国有2800多种。苔藓植物门包括苔纲、藓纲和角苔纲。苔纲包含至少330属，约8000种苔类植物；藓纲包含近700属，约15000种藓类植物；角苔纲有4属，近100种角苔类植物。

第二环节：营养归还。通过落到地面的枯枝落叶（包括树叶、树皮、果实、种子、树枝、花、倒木、草本植物、地衣、苔藓、动物的排泄物及残体等）、冲洗植物群落的雨水（包括下渗水和地表水）、根系分泌物、脱落与枯死等，使一部分营养元素归还到土壤中去。

凋落物的腐烂是养分归还土壤最重要方式之一。土壤中的养分主要依赖于枯枝落叶等有机物质的腐烂和根系吸收之间的周转，因此植物与土壤之间的养分循环是快速的，土壤中的养分数量也直接受植物养分周转率的影响。凋落物的分解速度和养分的释放速度变化是很大的。针叶林较阔叶林和热带雨林分解困难：因分解速率与温度和湿度关系密切，所以在寒冷气候下凋落物分解比热带气候下要缓慢得多。

一方面，淋溶作用（雨水从植物体表面淋溶下来带到土壤中的养分数量）对养分的归还起很大的作用。但对不同的元素，作用是不同的。对钠和钾而言，由叶子和树皮淋洗而进入土壤的量比落叶归还的量还要大；氮则相反，因为流经植物体表的氮会被树皮和叶片的地衣、藻类、细菌所吸收。

另一方面，降雨对生态系统内物质循环有阻碍作用。在降水量充沛的地区，雨水对土壤不断淋洗会导致养分的淋失，从而阻碍循环的进行，因雨水将土壤中大量的营养物质带到地下水、河流和大海；淋洗越严重，土壤中胶体物质的损失也越大，如热带地区。而在温带地区，淋洗的后果不及热带严重，大部分矿物质元素仍能保留在较厚的腐殖质层内。但是这种情况会使物质循环速率减慢。

第三环节：营养存留。有些营养物质则保留在植物多年生器官中，主要体现为生物量（或木质器官）的年增量。

植物吸收营养元素的数量与生物群落的需要量大致相符合，因此吸收的元素就等于存留在植物器官中的元素与归还于土壤中的元素之和。即吸收量=植物器官内的存留量+归还土壤的量。

在森林生态系统中，由于乔木层生物量的比例较大，所以往往过高估计了乔木层在生态系统内物质循环过程中的作用。理论上讲森林群落的上层乔木、林下植被、附生植物都参与了森林生态系统的养分循环。据研究林下植被（更新幼树、灌、草、蕨类、苔藓）尽管生物量所占比例小，但养分含量较高，所以对养分循环的作用很大。

据研究，木本植物根系吸收养分的方式有两种：一是具有菌根或无菌根的根系从土壤溶液中吸收养分；二是由菌根从凋落物或正在分解的有机物质中获取养分，后一种吸收养分的优点是不经过从土壤溶液中吸收养分的过程，防止养分被淋失及非菌根微生物吸收，因而生物循环更加趋于封闭。这就解释了为什么在热带地区土壤相对贫瘠却生长发育的群落结构极

其复杂，生产力极高的热带雨林生态系统。从另一个角度研究同样说明热带雨林生长分布的生态合理性。“成熟”的热带雨林在植物体内储存的营养元素数量庞大。它们所利用的营养元素主要来自枯枝落叶，每年有10% ~ 20%的生物量会枯死脱落，归还到土壤，并快速分解（前8 ~ 10周内可有半数矿物质化）。

由于森林（未干扰的天然林）生态系统内养分的生物循环，来自地质、水文、气象和生物的输入在森林生态系统内得到有效的积累和保存。凋落物形成的森林死地被物层可增强养分的保存能力，菌根和真菌是提供养分吸收和保存的生物途径，尤以土壤表面和表层细根分布集中，能有效吸收穿透林冠淋失的雨养分和凋落物分解释放的养分，而且森林溪流里养分浓度极低，由此可说明森林生态系统向外输出的养分极少。自然界生长在贫瘠土壤上的植物一般都有一种贮存养分的对策。

森林保持养分的生态效应可由研究输入生态系统的水分、穿过森林不同层次及输出水所含的化学元素含量加以说明。破坏森林特别是破坏热带雨林，会使森林植被经漫长时期发育的土壤和积累的养分会丧失掉（过度输出），森林生态系统则可能退化到短期无法恢复的阶段或状态。

森林的生长发育

日月运行，斗转星移，寥廓的苍茫感和生命力的顽强，是森林带给我们的触动，一片森林的诞生就是一片生命的诞生，带给我们喜悦和感动。让我们从本章开始，从“森林的童年”学起，去了解它，爱惜它。

森林的生长

森林的生长、发育是森林生命过程的两个方面。森林的生长是指林木个体体积的增长所引起的森林生物量的不断增加；而森林的发育则是从森林更新起，经过幼壮龄达到成熟龄，直到衰老死亡的整个生命周期。所以森林生长是森林的量变过程。在此量变的基础上促进了森林发育，引起森林的质变。

生长中的树木

森林的生长和发育受树种本身的特性、环境条件和人为经营措施等因素的影响。在最适宜的情况下，森林的生长发育可能延续很长，衰老死亡来得较晚。

森林的生长是由树木个体生长组成的。个体生长包括树木的根系生长、树高生长和直径生长等方面。

树木根系的生长主要依靠根尖的生长点的细胞不断分裂伸长来进行的。在一年中，一般根系春季生长开始比地上部分早，在土壤温度达到5℃以前开始，并且很快达到第一次迅速生长期。而当地上部分生长旺盛时，根系生长趋缓，而到秋天地上部分生长停止时，根系出现第二次迅速生长期，一般在10月份以后才缓慢下来。林木根系在发育幼期，生长很快，一般超过地上部分的生长速度，但随着树木年龄的增加，根系的生长速度渐趋缓慢。

趣味点击　**衰老**

从生物学上讲，衰老是生物随着时间的推移，自发的必然过程。它是复杂的自然现象，表现为结构和机能衰退，适应性和抵抗力减退。

林木的高生长是由主枝生长点分生组织活动来实现的。在幼龄期由于根系的迅速发育而高生长量较小，以后随着树木年龄的增长，高生长逐渐加速，但到一定时候，又慢下来，直到停止高生长。高生长在一年中的生长是顶芽膨大开始到生长停止，形成新的顶芽为止。有时由于雨量充沛的原因，有些树种在一年中可以达到二次高生长高峰。高生长是树木生长快慢的标志，由此可以将树木分为速生树种和慢生树种。

拓展阅读

顶　芽

顶芽指某些在茎轴顶端形成的芽的总称，相对于侧芽而言。当幼胚进行极性分化时，形成最初的是顶芽。顶芽是最活跃的生长点之一。大多数蕨类的顶芽是在茎的发育初期一次便完成的。种子植物由于形成侧芽使主轴出现复杂的分枝。侧芽和侧枝发育到一定程度后，顶芽就进入休眠或枯萎脱落。

树木的直径生长是由形成层分生组织的活动来实现的。在幼年时生长较缓慢，随着树木年龄的增加不断加速，最大的直径年生长量一般出现在最大树高年生长量以后或同时，并保持一定年份，以后再逐渐减慢。大多数树种在一年中叶展开以后不久就开始直径生长，直径生长最快的时候在夏季和秋季。森林的高生长和直径生长通常用全部林木的平均高生长和直径生长来体现，其一般生长过程与单株树木相似。

森林的发育

森林从发生到衰老的整个发育周期，要经过几个不同的阶段，每个阶段都有不同的特点，了解这些特点，对于森林经营有重要意义。一般按照年龄阶段，将森林的发育过程划分为如下几个时期。

幼龄林时期：幼龄林为最幼小的林分，是森林生长发育的幼年阶段，通

常指一龄级的林分。这一时期林木开始生长较慢，郁闭后迅速加快。天然林中常混生杂灌木较多，影响林木生长，是森林最不稳定的时期。无论是天然林或人工的幼龄林，都要加强抚育保护工作。

幼龄林

杆材林时期：这一时期中林木的叶量较多，其高生长较迅速，直径生长较慢，开花结实较少，林木与生长空间的矛盾比较尖锐，树木间的竞争比较剧烈，天然整枝、林木分化和自然稀疏都很强烈，及时进行抚育间伐是这一时期的重要经营措施。

中龄林时期：林木的高生长逐渐得到稳定，直径生长显著加快，结实量渐多，对光的需要量增大。林木自然稀疏虽仍在进行，但林分已比较稳定，定期进行抚育间伐是本时期的主要经营措施。

近熟林时期：生长速度下降，接近成熟利用的森林。此时林木大量开花结实，林冠中出现的空隙显著增多，林内更新幼树的数量逐渐增加。为了培育大径材应进行强度较大的间伐。

成熟林时期：林木已完全成熟，可以采伐利用的森林。此时林木生长甚为缓慢，尤其是高生长极不明显，林木大量地开花结实，林下天然更新幼树逐渐增多，应及时采伐更新。

过熟林时期：林木衰老，高生长几乎停顿，病腐木、风倒木大量增加，自然枯损量逐渐增多。林木蓄积量随树木年龄的增加而下降，防护作用有所减弱，应迅速采伐更新。

森林的更新

森林是一个可以再生的资源，繁殖能力很强，而且方式多种多样。老龄林可以通过自然繁殖进行天然更新，也可以通过人工造林的方式人工更新。森林只要不受人为或自然灾害的破坏，在林下和林缘不断生长幼龄林木，形成下一代新林。在合理采伐的森林迹地和宜林荒山荒地上，通过人工播种造林或植苗造林，也可以使原有森林恢复，生长成新的森林。

人工更新：是以人工播种或植苗的方法恢复森林。人工更新不但可以迅速地完成更新任务，而且在林木组成、密度、结构等方面能够人为地合理安排，保证更新的质量。人工更新的林木比天然更新的林木生长快。因此，虽然人工更新花费的人力和物力较天然更新多，但是为了迅速恢复和扩大森林资源，提高森林生长量和质量，应该积极提供人工更新。但是天然更新效果较好的地方，应尽量发挥天然更新的优势。

密　度

在物理学中，把某种物质单位体积的质量叫这种物质的密度。符号 ρ。国际主单位为千克/米^3。其数学表达式 $\rho = m/V$。在国际单位制中，质量的主单位是千克，体积的主单位是立方米，于是取 1 立方米物质的质量作为物质的密度，对于非均匀物质则称为平均密度。

天然更新：利用林木的天然下种或伐根、萌芽、根系萌蘖来恢复森林。天然更新按其进行的时间，又可分为伐前更新和伐后更新两种，即有的森林在采伐前完成更新，而有的需在采伐之后进行更新。天然更新能充分利用自然条件，节约劳动力和资金，但由于受到自然条件的种种限制，往往不能迅速完成更新任务。同时，在天然更新的条件下，不但幼林生长慢，而且形成的森林时常疏密不均，组成也不一定合乎我们的要求，这是天然

更新的缺点。

人工促进天然更新。为了弥补天然更新的不足，而采取某些人工措施促进天然更新的完成。这些措施包括松土、除草、补植和补播等，与采伐相结合的措施主要是保留母树、保护幼树和清理伐区等。

森林的更新有的是用种子繁殖来完成，称为有性更新。有的可以用林木的营养器官的再生能力来完成的，称为无性更新。大多数的针叶树只能用有性更新，而多数阔叶树既可以用有性更新又可以用无性更新。

有性更新：决定于林木结实和种子的传播、种子的发芽、幼苗和幼树生长发育等几个过程。一般来说，幼林郁闭后更新过程就基本结束。

拓展阅读

红　树

红树，高2~4米，有支柱根。聚伞花序，叶交互对生，椭圆形或长圆状椭圆形，革质。聚伞花序有花2朵，生于已脱落的叶腋间，总花梗短于叶柄。花两性，无花梗；花萼4深裂，裂片长三角形；花瓣线形，几膜质，无毛。果卵状，下垂，褐色或榄绿色。花、果期近全年。种子在母体发芽，胚轴柱形，略弯曲，绿紫色，长20~40厘米。

林木结实的品质的好坏，对于有性更新是一个十分关键的物质条件。除了遗传因素的好坏外，林木的结实情况一般与林木的发育状况、林分的结构特征、气候和土壤条件有密切的关系。通常林木开始结实以后，随着年龄的增长，结实量逐渐增加，当达到更新成熟年龄时，结实量最多，种子品质也优良。林木结实量丰富的时候持续很长，一直延续到衰老时，结实量仍然较多，但品质下降。

林木种子传播的动力有风、水、昆虫、鸟兽和自身的重力。小而轻又具有茸毛或带翅的种子，通常可借风力进行传播。如杨树、柳树的种子；山坡上的种子可借雨水、雪水来传播；溪流可以把谷地树木的种子带走；海水可将红树母树上由种子萌发所形成的棒状胚轴随波逐流带走。鸟兽类是多种种子的传播者，大粒和小粒的种子都可以依靠鸟类传播到很远的地方。有些大而重的种子，脱落以后，大部分落在树冠周围，在坡地上它们可以依靠自身的重力，沿斜坡下滚，散布到较远的地方。种子落到地面之后，遇到适宜的条件即开始发芽，尔后不断生长成幼苗幼树，直到林分郁闭完成有性更新过程。

无性更新：在天然的条件下，无性更新的方式有两种：一种是萌芽更新，另一种是根蘖更新。因为无性更新的程序简单，成本较低，收益较快，可以充分利用原有条件和自然力来恢复森林资源，所以在种苗缺少而又迫切需要恢复森林的地方，更显得重要。

萌芽更新：在森林采伐后，利用采伐迹地上伐根的休眠芽和不定芽萌发出的萌条，生长发育而形成森林的过程称为萌芽更新。在森林采伐以后，由于光照的刺激及根部从土壤中吸收的多量水分，休眠芽能打破休眠状态而萌动生长，同时也能促进不定芽的形成。

萌芽更新的成败，取决于树种的萌芽力、采伐季节、伐根高度和环境条件。各种树所具有的萌芽更新能力是不同的。在有萌芽能力的树种中，萌芽能力的强弱与年龄和立地条件有密切的关系。按萌芽能力强弱，可将常见的树种分为三类：即萌芽强的树种，如杉木、柳杉、栎类等；萌芽力弱的树种如水青冈、山杨等；没有萌芽力的树种，包括绝大多数的针叶树。

在树种年龄相同的情况下，萌芽力具有以下规律：①萌芽力同母树伐前的生长速度成相反关系。即各树种母株伐前生长愈慢，伐后萌芽力愈强，萌芽力消失也晚。②环境条件愈好，休眠芽发育越受抑制；环境条件愈差，愈有利于休眠芽的发育。

采伐季节对萌芽条的形成有很大的影响。在冬季进行采伐，可以使伐根来年春季萌发较多的萌芽条，生长的时间也长，发育健壮，木质化良好，不易受冻害。如果在春、夏季采伐，则萌条较少，生长期短，在秋霜来临之前没能木质化，容易受冻害，故很难形成森林。

伐根高度也影响萌芽条的数量、品质和生活力。伐根低，萌芽条在根颈处萌发，萌条不但较多，生活力也好，且能逐渐与土壤接触形成新的根系。萌芽更新还应做许多管理工作，当多数萌芽条长成以后，应稀疏丛状生长的

萌芽条，一般每个伐根留 1 ~ 3 株生长健壮的萌条，使其发育成林。一般应选留上坡部位的健壮苗，容易接触土壤生根。

萌芽更新对于培育水曲柳、杉木、栎类等有很重要的意义。杉木的伐根萌条，生长迅速，20 年以后就可以采伐利用，而且还可以连续进行 2 ~ 3 次。

根蘖更新是利用树木根上不定芽生长的根蘖苗而形成幼林的过程。山杨、泡桐、臭椿、刺槐等树都有较强的根蘖的能力。

根蘖主要是在采伐后发生的，但在生长着的树木上，特别是在生长衰弱和根系受伤的树木上也能形成。根蘖主要产生于近表土的细根上。挖伐根或开沟辅助根蘖更新的工作时间宜在春季，生长出的根蘖苗经历一个生长季后，至秋天能够充分木质化，能抵抗霜冻等的危害。

竹林的萌芽更新：竹类是依靠地下茎（竹鞭）节上的芽萌发进行无性更新的。

按照竹类地下茎蔓延的特征和地面上竹秆分布的情况可以分为：散生茎竹、单丛茎竹和侧出丛茎竹三类，所以它们的更新又有所区别。毛竹等散生茎竹的更新，地下茎蔓延在 0. 1 ~ 0. 4 米的土层中，成波浪起伏前进，地下茎的芽，有一部分形成竹笋再发育成竹，有一部分便往长发展而为新竹鞭，大部分芽呈休眠状态。毛竹林地下部分的生长与地上部分的生长常有周期的交替现象，它的发笋长竹很旺盛，第二年则大量地生长竹鞭和形成笋芽。因此毛竹的出笋情况会出现大小年现象。

孝顺竹、麻竹等单丛茎竹的更新：它的地下茎密集一处，不向他处延伸。母竹的秆基沿分枝方向两侧互生笋芽，秆基上部芽首先膨大发育，紧贴母秆出笋，长新竹；下端的笋芽待上部笋芽发育成长以后，再相继发育

趣味点击　麻　竹

麻竹是我国南方栽培最广的竹种，笋味甜美，每年均有大量笋干和罐头上市，甚至远销日本和欧美等国。麻竹竿亦供建筑和篾用，庭园栽植，观赏价值也高。

膨大，形成密集的竹丛；第二年新竹秆基部的笋芽又围绕新竹两侧再发出竹笋。

萌芽林在幼龄时期生长比实生林要快得多，但最后停止生长的时期来得也早，有性更新的实生林在幼小时生长虽缓，但在树冠形成以后，生长速度常常赶上或超过萌芽林，而且持续生长的时间和寿命也较长。实生林的木材结构均匀正常，力学性质好，可以培育成大径材；萌芽林的木材中心部分较疏松，年轮宽窄不均，有偏心现象，影响木材力学性质，而且树干基部往往弯曲，因此一般只能培养成小径材。另外，萌芽更新的林木发生心腐病的比率比实生林要高得多。

森林与气候变化

当前，气候变化是全球面临的重大挑战，遏制气候变暖需要全人类共同努力。森林具有强大的碳汇功能，大力开展植树造林不仅可以有效减缓气候变化，同时为人们提供了参与应对气候变化的机会。本章以通俗易懂的文字和生动翔实的内容，展示林业在应对全球气候变化、生态建设、自然保护中的重要作用。让我们认识全球气候变化的根本原因，去找到解决的方法，去了解森林作为生物多样性资源库的作用。

森林对气候的调节作用

工业的快速发展以及人类的活动，造成的负面影响之一就是大气中各种温室气体浓度迅速增长，森林被大面积砍伐，与此相对应的是全球地面温度和气温持续增长，同时伴随着辐射、降水等气候因子的变化；光照、热量、水分等气候条件直接影响森林生产力的时空分布格局。各种类型森林的地理分布及森林生态系统的结构和功能也与气候条件密切相关。因此充分认识森林与全球气候变化的相互作用，对于促进森林生态系统的良性循环进而保护人类生存环境具有现实意义。

森林与环境特别是气候是一种相互依存的关系。一方面，森林作为一种植物群落，要求有适宜的环境条件，其中光照、热量、水分等条件直接影响着各种森林的地理分布范围和生产力时空分布格局，气候的冷暖、干湿变化又直接和间接影响森林生态系统的结构和功能，因此如果气候发生变化，森林生态系统必将受到影响；另一方面，森林本身可以形成特殊的小气候，由于森林改变了下垫面的反射率和热特性，使森林气候与海洋气候类似，气温变化和缓，森林和邻近地区较湿润。一般森林的反射率仅有土壤的$\frac{1}{2}$，穿过大气到达地球表面的太阳辐射，被占陆地面积30%的森林层吸收，然后通过长波辐射、潜热释放及感热输送的形式传输给大气，可以认为森林是气候系统的热量储存库之一；森林部分影响了降水，因此森林破坏不仅减少对太阳辐射的吸收，同时还会影响水分循环，大范围的森林变化甚至可能影响全球的热量平衡和水分平衡。作为全球气候系统的组成部分之一，森林

反射率

投射到物体上面被反射的辐射能与投射到物体上的总辐射能之比，称为该物体的反射率。这是针对所有波长而言，应称为全反射率，通常简称为反射率。常用百分率和小数表示。

使得区域气候趋于稳定，进而对全球气候起到稳定器的作用。总之，尽管目前对森林被大量砍伐影响气候方面的问题还有某些不同的看法，但有一点共识，这就是森林面积急剧减少，会对气候产生一系列影响。森林生态系统的变化也是研究气候变化不可忽视的一个因素。

我们知道，包围在地球外部的一层气体总称为大气或大气圈。大气圈以地球的水陆表面为其下界，称为大气层的下垫面。它包括地形、地质、土壤和植被等，是影响气候的重要因素之一。下垫面是空气中热量和水分的直接和主要来源，因此下垫面性质、状态、热特性是制约气候形成和变化的重要因子之一。地球上森林面积约占陆地面积的 30%，是陆地生态系统中最大的一个生态系统。森林作为一种重要的下垫面，是影响气候的因子之一，它的增长和消失，影响气候的稳定和异常。

拓展阅读

大气层

大气层又叫大气圈，地球就被这一层很厚的大气层包围着。大气层的成分主要有氮气、氧气，还有少量的二氧化碳、稀有气体和水蒸气。大气层的空气密度随高度而减小，越高空气越稀薄。大气层的厚度大约在 1000 千米以上，但没有明显的界限。整个大气层随高度不同表现出不同的特点，分为对流层、平流层、中间层、电离层和散逸层，再上面就是星际空间了。

森林中的空气

我们都有这个感觉，房间内人多了，有点气闷，打开门窗让空气流通一下，就感到舒适。一天工作之余，到公园中游玩一番，到郊区散散步，呼吸些新鲜空气，会觉得精神振奋。这种事情很平常，可是一般人总没有想过为什么要如此。

近地面的干纯空气，按容积计算，包含氮 78%，氧 21%，氩和其他气体

如二氧化碳等，约占1%。如果把水汽计算在内，在温带的地方，空气中的氮约占77%，氧约占21%，氩及二氧化碳等约占1%，水汽约占1%。这些都是组成空气的物质，它们的百分比，除了二氧化碳、水汽和微尘外，是很少变动的。

二氧化碳对动物是无益的，多了还会中毒。水汽的多寡，直接影响空气的潮湿与干燥。微尘多了，会使空气混浊。因此所谓空气新鲜与否，决定于这三者的变化。

这三者，在空气中所占的百分比虽很小，变动却非常大。

空气中的二氧化碳，在正常情况下，含量在0.028%～0.03%，可是最多时能达到0.06%。变动量达一倍之多。

在湿热的地方，蒸发力强，水汽来源充足，空气就很潮湿。在通风不畅的地方，湿空气中的水汽不易发散，水汽在空气中所占的百分比就较大。冬季严寒的地方，蒸发力弱，空气中的水汽含量极少。这样，就使得水汽在空气中变动在0.01%～4%。变动量达到400倍之多。

微尘的变化更大了。例如，三四个人在一起讨论问题，吸一支香烟是平常的事。可是根据气象学者的统计，吸一口烟就要喷出40万粒微尘到空气中去。这数目大得出乎人的意料。

打开门窗会觉得空气流通，到公园中或郊区去就觉得空气新鲜。这是因为房间内空气交换情况不良，新鲜的空气不易进来，房间内人吐出来的二氧化碳不容易外出的缘故。公园中或郊区空气比较干净，有充足的氧，当然就新鲜些。

同时，我们又可以知道，地球上近地面的空气层，各成分的百分比变动很少。可是在个别的地区，因为条件不同，情况是不一致的。在森林地区，最为特殊。

人类和其他动物吸进空气中的氧，吐出二氧化碳。植物却需要二氧化碳来进行光合作用，同时放出氧。根据研究，植物中的干物质约有50%是取自二氧化碳中的碳素构成的。如果有1公顷面积的森林，在一年内增加4吨干物质，就需要2吨碳素。

二氧化碳中，只有碳素是构成树木干物质的原料，所以2吨碳素，就不止 2 吨二氧化碳，而是需要更多的二氧化碳来提取的。根据计算，2 吨碳素需要在大约 1100 万立方米空气中提取，这就要超过 1 公顷森林中二氧化碳含量的 30 倍。假定以全球的植物对二氧化碳的需要量来讲，一年中的需要量是很大的，约等于空气中二氧化碳总含量的 3%。如果不再补充，大气中的二氧化碳只够用 30～35 年。

如此说来，地球上大气中的二氧化碳不是就会逐年减少了吗？在森林区域，树木生长需要大量的二氧化碳，空气中的二氧化碳不是就会少于无林区域了吗？不是的，不是这样简单的。

空气中的二氧化碳，一方面被植物吸收，进行它的光合作用，另一方面，动植物的呼吸作用会放出二氧化碳。地面上燃料的燃烧，矿山煤井的开采，火山的喷发，土壤内有机物质的分解，都会不断地补充空气中的二氧化碳。1 公顷肥沃的土壤，每小时能放出 10～25 千克的二氧化碳；就是贫瘠的土壤，每小时也可以放出 2～5 千克的二氧化碳。空气中的二氧化碳，一方面消耗，另一方面可以得到补充，所以真是取之不尽，用之不竭的。

可是我们要注意，上面是就全球情况来讲的。在个别的地方，情况就不一定如此了。有活火山的地方，二氧化碳的百分比就要比没有火山的地方大些。在森林区域中，树木上部枝叶茂盛，空气不畅通，树木好像戴了一顶帽子，所以叫树冠。树冠因为枝叶特别茂盛，需要大量碳素，所以空气中的二氧化碳多半被它进行光合作用时吸收了。又因为通风不畅，补充困难，树冠部分的大气中二氧化碳的百分比就要小些。

碳素材料

炭和石墨材料是以碳元素为主的非金属固体材料，其中炭材料基本上是由非石墨质碳组成的材料，而石墨材料则是基本上由石墨质碳组成的材料。为了简便起见，有时也把炭和石墨材料统称为碳素材料（或碳材料）。

树冠以下，树叶少，碳素的需要量少，空气流通也不畅，又接近土壤，接近地被物，也就是接近分解二氧化碳的源地，同时二氧化碳比干空气重些，所以二氧化碳要多些。根据研究，假如树冠以上的空气组成状况正常，二氧化碳的百分比是 0.03%，

那么树冠内的二氧化碳就会减到0.02%；而在树冠以下，由于地被物及土壤分解产生了二氧化碳，百分比就会增高到0.05%～0.08%。所以森林中的二氧化碳的百分比，是随着高度增加而减小的。

不但如此，森林中二氧化碳的含量，又会随着昼夜的不同、季节的变化以及天气状况而有高低的。植物在白天进行光合作用，吸取空气中的二氧化碳，放出氧；夜间光合作用停止，呼吸作用开始，就吸取空气中的氧，放出二氧化碳。所以夜间森林中二氧化碳的百分比是不同于白天的。森林中树木的光合作用虽然全在白天进行，但是光合作用的强弱与温度有密切的关系。温度低，光合作用缓慢；温度高，光合作用快速。可是温度太高了，光合作用又会停止。因此，季节不同，天气状况不同，温度有高低，光合作用就有强弱，二氧化碳的需要量也就有多少。总之，森林中的二氧化碳，在同一时间内，既随着森林高度的增加而减少，在不同的时间内，又因昼夜、季节和天气状况的不同而有高低。这种变化是异常复杂的。

另外，森林区域空气中的水汽有其独特的一面。

空气中的水汽是由地面蒸发而来的。因此，水源充足的地方，如海洋湖泊的表面上，空气中的水汽就多。沙漠地方，空气中的水汽就少。森林区域既非海洋，又非沙漠，空气中的水汽，究竟是多是少呢?

根据观测，森林区域空气中水汽的含量，比无林区域多。这是因为天空降落的雨水，在无林区域，一部分被地面土壤所吸收，一部分又蒸发回到空中，另一部分就随着地形的高低流失他处。地面吸收比较缓慢，蒸发回到空气中的量不多，大部分降水都散失掉了。在森林区域，情况就不是如此。森林中每一棵树有一个树冠。很多树冠相连，就成了林冠。林冠对于降水是有阻滞作用的。它能截获很多降水，不让它流失他处。如果降雪，林冠上可以截留一层很厚的雪。当然，这些雪可能有一部分被风吹走。但是以整个林冠来讲，截留的水分含量也是不少的。这些雪慢慢地融化，慢慢地蒸发，就使得森林区域的空气所含的水汽量比较多了。根据实验证明，林冠阻滞的降水量，因为树种不同，阻滞的百分比约在15%～80%。流失的水量相对减少，蒸发到森林区域空气中的水汽量就多了。

其次，无林区域只有地表蒸发水汽，而森林区域，既有物理性的蒸发作用，又有生理过程的蒸腾作用。这里所说的蒸发作用，是指森林的林冠、枝干以及森林中的土地水分直接蒸发。所谓蒸腾作用，是指森林的根部在土壤中吸收了水分，通过树的内部，传到枝叶，再把水分蒸发掉。这样看来，森林区域的空气里，不但有从地面上来的水汽，而且有从土壤深处来的水汽。同时，一棵树种在地上，由于枝叶繁茂，它的面积要比这棵树所占的土地面积大若干倍。这就大大地增加了蒸发的面积，也就增加了输送到空气中的水汽量。根据在俄罗斯沃龙涅什省施波夫森林中的统计，夏季在树林中，每立方米的空气所含的水汽量，比同体积的田野空气的含量平均要多1克，有时可以达到3克。

知识小链接

水　汽

水汽在大气中含量很少，但变化很大，其变化范围在0～4%，水汽绝大部分集中在低层，有一半的水汽集中在2千米以下，$\frac{3}{4}$的水汽集中在4千米以下，10～12千米高度以下的水汽约占全部水汽总量的99%。

空气中含有许多杂质，杂质的多寡和差异，完全是由各地环境决定的。譬如在海洋上，呼吸时会感觉空气中有咸味，这就说明空气中有盐分。又如在工厂区域，经过一天呼吸，鼻孔中有黑灰，这就说明空气中有燃烧物的灰烬。

森林区域的空气中究竟有什么杂质呢？尘埃当然是有的。只要有空气的地方，就有尘埃。尘埃可以分为有机杂质和无机杂质两种。无机杂质如燃烧物的灰烬等都是。在森林区域，虽然没有工厂，可是在刚刚发生森林火灾的地方，空气中的灰尘也是不少的。一般来讲，森林对于空气中的尘埃有过滤的作用，所以愈向森林内部，空气中的含尘量愈少。可是有机杂质，如微生物、花粉等，森林区域的空气中比较多些。

在森林区域的空气中，往往充满了一种能消灭单细胞微生物、细菌与菌类的物质。这种物质，叫植物性毒，是由植物放到空气中去的。它对制造这种物质的植物有保护作用。植物性毒散布在空气中，有的是气体状态，有的是浮悬状的液体或固体状态；有的有强烈的刺激性的气味，伴随着花香送入我们的鼻孔，有的是无色无香的。这些植物性毒，对于人类有特殊医疗作用。所以散步林中，不仅可避炎日，而且是很合卫生的。

由以上所说的各点看来，森林区域的空气中，二氧化碳、水汽和微尘三者的含量与普通空气不同。大气中最能影响天气变化的是水汽，其次是二氧化碳及微尘。森林区域因为这三者的含量不同，所以阴晴变化，风霜雨雪，一切气候的情况，也与他处不同了。

森林与风

空气是一种流体，好像水一样能够流动。在同一平面上，因为所受的压力不同，有的地方压力高，有的地方压力低，空气就由压力高处流向压力低处，同水由高处向低处流一样。这就是形成风的主要原因。

趣味点击　流　体

流体是液体和气体的总称，是由大量地、不断地作热运动而且无固定平衡位置的分子构成的。它的基本特征是没有一定的形状和具有流动性。流体都有一定的可压缩性，液体可压缩性很小，而气体的可压缩性较大，在流体的形状改变时，流体各层之间也存在一定的运动阻力（即粘滞性）。当流体的粘滞性和可压缩性很小时，可近似看作是理想流体。它是人们为研究流体的运动和状态而引入的一个理想模型。

在局部地区，气温高的地方，空气密度小，压力低。气温低的地方，空气密度大，压力高。因此，气温低的地方，空气往往向气温高的地方流。气温差别愈大，空气流动的速度就愈快。

当空气水平流动时，因为地面崎岖不平，流动的空气就会受到一定的阻力。阻力愈大，流动的速度就愈弱。在高空中，就不会有这种现象。愈接近地面，愈接近崎岖不平的地面，障碍作用愈显著，影响就愈大。

障碍物不但会减弱风速，也会改变风向。在城市中，有的街道是东西向的，有的街道是南北向的，街道两旁高大的房屋阻挡了空气的流动，南北向的街道中就不容易让正东风或正西风吹入。同样情况，在东西向的街道中，也不容易让正南风或正北风吹入。在南北向的街道中，常常吹北风或南风，在东西向的街道中，常常吹东风或西风。所以我们在街道中发现的风向，往往和旷野中不同，而且城市内风速小，旷野中风速大。仔细想一想，就会知道这是地面情况不同所产生的结果。城市中的风速风向，都是因为建筑物的障碍作用而改变的。

森林区域树木密集，有高大的树干，有稠密的林冠，是空气流动的巨大障碍。它能改变风速、风向和风的构造。现在分水平的、垂直的、昼夜和季节的三个方面来谈。

◎水平方向的变化

水平运动着的空气在前进的道路上遇到森林时，在森林的迎风面，距林缘100米左右的地方，风速就发生变化；到了林缘，就会沿着林缘绕流并上升，而有一部分气流能突入林中。在林冠上前进的气流到达森林的背风面后，又重新下沉。现在就分别来谈谈森林迎风面和林冠上层风速的变化，风穿进森林缘的变化，以及风越过森林缘的变化。

森林迎风面和林冠上层风速的变化。在森林迎风面，风速随着距离林缘的远近而有如下的变化：

离林缘的距离（米）	117	81	31	0
以对远处开旷地上风速的百分比	100%	82%	98%	85%

由上表观察，可见在距林缘117米的地方，风速尚未起变化。随着风愈向林区吹近，风速就显著地变小。在距林缘81米处，风速只有无林开旷地中的82%，而在接近林缘的地方，如上表中距林缘31米处，风速略有增加，而

到了林缘，风速又减为85%。

在林缘附近，风的流动呈现波浪状，与林墙碰撞时，就好像海水撞击海岸一样，产生了空气运动的碎浪，这种碎浪造成了无数的小旋涡。一部分气流受林墙的反撞而沿着林墙上升，在森林上空流动。

森林顶部的林冠是高低不平的。在森林上空流动着的空气，受林冠的影响，就大大地改变了原来的构造。平流的空气中，激起了许多旋涡，使森林顶上的空气呈涡动状态。在飞机上观察这种增强的涡动作用，有200～300米高。在夏季的白天，风速大的时候，林冠上这种涡动作用最强。

没有被森林阻挡住的风，穿进森林之后，风速很快地降低。结果如下：

深入林内的距离（米）	34	55	77	98	121	185	228
与原风速的百分比	56%	45%	23%	19%	7%	5%	2%～3%

由此可以看出风入林内速度锐减的情况了。在深入林内228米处，风速仅及原风速的2%～3%。这一资料是从松林中测出的。这个松林中还有稠密的树层和榛树灌木林。树种不同，对于风速减低的效应颇不一致。

灌木林

以灌木为主体的植被类型。具单层树冠，林层高度一般5米左右，不具主干而簇生，盖度大于30%～40%。生态幅度较乔木林广，分布范围常比乔木林大。在气候干燥或寒冷、不适宜乔木生长的地方，常有灌木林分布。如法国的马基群落、加里哥群落和美国的加利福尼亚的沙帕拉群落，都是有名的天然灌木林；智利及澳大利亚西部和南部也有相似的灌木林类型。在中国，从平地到海拔3000～5000米的高山，也常见到天然灌木林。

为什么风入森林后，风速会这样地变小呢？原因：林中的风力消散在树木的摇摆，树枝与树叶的阻挡，与使树枝发热的作用上。能力分散了，所以风速很快地减低。

风越过森林后的变化。当风由森林上空吹向旷野时，因为是从树冠上滑下的，所以形成一种下降气流，大约在树高10倍的距离处着地。有一部分气流，向各个方向流散。一部分在离林缘较远的地方集中起来，并逐渐加大自己的速度，约在远达树高50倍的地方时，恢复原无林地区的风速。在森林背风面的后面，风速变化的记录如下：

离林缘的距离（米）	170	256	470
与开旷地原风速的百分比	39%	88%	100%

由上表可见，在森林背风面，森林对风速影响的距离远比迎风面大。风速受森林影响的距离，因地方条件而不同。主要的是决定于森林的组成，树木的密闭度、年龄、高度以及地势等。根据资料：在森林迎风一面，风速受森林影响而降低的距离，可以达到100米；在背风一面，森林对风速的影响，可以达到距林缘500～750米的距离。

上面所举关于森林影响风速的距离，是一个概值。森林区的实际情况不同，这个数值变动很大。紧密结构的林带与稀疏结构的林带防风效应，就有显著的不同。前者在迎风面减低风速的范围比后者大，可是在背风面则出现相反的情况。研究分析得出，以透风系数为0.35，也就是能使$\frac{1}{3}$的风透过的林带，减低风速的效应最大。而这种林带的本身，要上部较密，下部较稀。林带的方向，最好与盛行风成90°的角度。

此外，森林除了减低风速以外，还能改变风的结构。风在地表空气层中的移进，经常是涡动着的，它内部的波动、涡旋和滚动不断发生和消失着。风在接近地面层穿入森林后，它的垂直涡动就减小了，气流接近水平状态，这样就可以减弱林带内气流的垂直交换，使下层空气容易受森林地区的蒸发和蒸腾的影响而变得很湿润。森林带之所以能够抵抗干旱风的侵袭，这是最主要的原因。

◎垂直方向的变化

有风暴的时候，我们如果站在森林中，就会听到森林外阵风很强，在林冠之上狂风怒号。几秒钟后，我们就可以看到树冠动摇，形成波浪。稍停，风才会沿树干下降，我们的面部才会感到有微风吹拂。由于树林的阻挡，林冠上虽是猛烈的强风，林中地面不过是轻微的软风而已。

林业专家盖格尔就森林中风的垂直分布，曾经作过观测。他在15米高的松林中，在不同的地方放了六个风速计，经过188小时的观测，得到平均风速如下表：

风速计的高度（米）	风速计的位置	平均风速（米/秒）
16.85	树冠上自由大气中	1.61
13.70	树冠顶部	0.90
10.55	树冠内	0.69
7.40	树干上部	0.67
4.25	树干中部	0.69
1.01	林中地面	0.60

由上表看来，树冠部分降低风速的作用最大。树冠以下，一直到林中地面，风速都很小。在这距离内，风速几乎没有多大的变化。风的动能，也同热能一样，大部分消耗于林冠区域，仅有一小部分深入林内。

上面的资料，如果把它画出图来，就更清楚了。下图是在三种不同风速的情况下的垂直分布的现象。

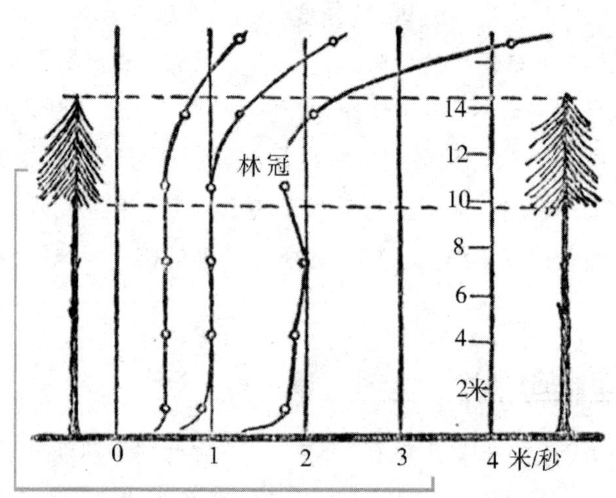

森林内风速的分布

小风时在林冠以下，风速就很快地减弱了。可是在大风时，一直到树干的部分，约在7米的高处，风速才会逐渐地减小。在近地面1米以下到达地面处，风速减少得更快。可见林中风的强弱，同它的原始风速有密切关系。

不但如此，林冠上树叶的多寡，对于林中风速的大小也是有关系的。在叶子未放出时，气流很容易穿进林内地面。但是因为林冠处有很多的树枝，所以风速在林冠处削弱得很多。到了树干处，风速虽仍然降低，可是差别很有限。在有叶子的时候，情况就不同了。树冠以上，风速很大，而树干部分，多属平静无风。所以，叶子愈多，林中空气愈平静。据观测，平静无风的时数，在林冠无叶时206次，在有叶时494次，占观测总时数的百分比如下表：

距林中地面的高度（米）	风速计的位置	无风时数占观测总时数的百分比	
		无　叶	有　叶
27	林冠上	0	10%
24	林冠内	8%	33%
20	林冠下	35%	86%
4	地面上	67%	98%

由上表可见：①不论在林中任何部位，总是有叶时平静无风的百分比较无叶时为高。②不论在有叶或无叶时，总是愈接近地面平静无风的百分比愈高。

总的说来，森林中风速的垂直分布，是林冠以上风速大，林冠以下风速小。无叶时林内风速较大，有叶时林内风速更小。无叶时，风速降低最剧烈处在林冠区域；有叶时，风速降低最剧烈处在林冠表面。情况不同，风的垂直分布也不是一样的。

◎昼夜和季节方面的变化

在局部地区，因为气温和气压的情况不同，风向是不同的。风总是由高气压处流向低气压处。在由热力作用影响气压高低的情况下，风大都由气温低处流向气温高处。因此，森林区域与无林地毗连的地方常常会产生一种特殊气流。这种气流，就好像海风和陆风，山风和谷风一样，是随着昼夜和季节而变化的。

在夏季白天，无林地下层空气增热较快，林中增热较慢。因此，无林地的气温常常比林中气温高。二者的气温相差显著。在这种情况下，无林地的空气，因为气温高，体积膨胀，密度变小，就会发生上升运动。空气上升了，上空的空气因而发生堆积的现象。结果，在空中同一平面上，无林地的上空空气密度就较大，森林上空空气密度就较小。无林地上空气压就较高，森林上空气压就较低。因此，无林地上空的空气就会向森林上空流动，降落在森林上面。在地面上，因为无林地上空的空气向外流，空气质量减少了，地面上的气压因而降低。在森林内部，因为气温低，空气收缩，密度变大，上层又有无林地空气流入，增加了空气质量，地面上的气压就增高，林内空气就会向无林地流动，因此造成了局部的循环系统。到了夜间，由于林内空气变冷慢，气温较林外温暖，引起了地面上的气流，由无林地流向林内，形成与白天相反的气流移动。

知识小链接

气压

气压是作用在单位面积上的大气压力，即等于单位面积上向上延伸到大气上界的垂直空气柱的重量。著名的马德堡半球实验证明了它的存在。气压的国际单位是帕斯卡，简称帕，符号是Pa。

这种情况，夏季最显著，尤以下午4时～6时风速较大；其他季节，气温气压相差甚微。或者有这种现象，也是非常微弱，甚至不能产生。

森林区域，风的流动受到了阻碍，改变了方向，降低了速度。可是森林区域边缘的树木，天天受着强风的吹袭，在它的生理上和外形上，也就会发生变化。

有些地方，风力非常强烈，而且是常常朝着一个方向吹。以致这些地方的树木和树冠常呈不对称的状态；向着盛行风吹去的方向，成单面的发展。树干也会朝着风去的方向弯曲。其次，在盛行风的影响下，生长的树木，由于向着一个方向摇摆，树干就会产生不平均的内部构造。如果我们把树干锯下来，年轮是椭圆形的，中心是偏于一方的。在有盛行风的区域，森林边缘迎风面上的树木是常有这种现象的。不成林的树木，表现得最为显著。生长在海岸上和山上的树木，因为常受单向强风的吹袭，都有这种现象发生。在诺曼底半岛的沿海，在比萨拉比亚的草原中，都可以找到这种例证。

风向不定而风力很强的地方，树干往往是下粗上细。这样，树的中心就向下移，就有能力抵抗强风的吹袭。风力愈强，树干愈是下粗上细而且愈矮。树木的根系，同样地会受到风力的物理作用的影响。风力愈大，根系愈强愈深，分布的面积愈广。因此，森林边缘地带的树木，由于受到风的影响较大，树干较矮，下粗上细，根系发达。至于林内树木，树干就比较高，成圆柱状，根系也比较浅。

自然界中的一切事物是互相影响的，森林能影响风，风也能影响森林的生长和发育，二者是互相作用的。因此，研究气候的人，一方面可以在森林区域从事实际观测，了解风受森林的影响；另一方面，也可以从森林边缘树木的外形和内部构造，间接地了解这一区域气候的特性。树冠的偏斜等现象在气候学上有指示性的作用，所以有人称之为“气候学上的风标”。

森林与水

◎蒸发与蒸腾

大气圈中的水汽都是由地面蒸发而来的。它从大洋表面得到的数量最多，湖、河次之，从陆地表面上获得的数量最少。

森林区域地面上有树木，树木有蒸腾作用，树木的枝叶等以及树木以下的土壤也有蒸发作用。因此，森林区空气中的水汽，有这两个来源。

以土壤的蒸发作用来讲，陆地表面水分的蒸发，受各种因素的影响，异常复杂。假如地势平坦，地面上又没有树木或任何植物，那么，蒸发量的大小和快慢，是由气象条件和土壤性质决定的。

在气象条件中，空气湿度、日光热和风速三者对于陆地表面蒸发起很大

的作用。空气湿度愈小，日光热愈强，风速愈大，陆地表面水分蒸发愈快，蒸发量愈大。

森林区域的土壤，有高大的树木荫蔽着，土壤的表面很难得到充分的日光热，因而空气温度以及地表温度都较无林地低。其次，有林地带由于林冠的阻碍，接近地表的空气层湿度较无林地高，通常要高10%～20%。风速也比较小，一般皆呈无风状态。这三种气象条件，都不利于土壤蒸发。所以，有林地土壤蒸发显著得减少。莫斯科以北莫洛格和谢克斯娜两河间，曾进行过这样的观测。在每年的7月到10月，山丘牧场地表的蒸发为346毫米，云杉白桦林的蒸发是130毫米，而林中休闲地（空旷地）蒸发是223毫米。这就说明，云杉白桦林中，地表的蒸发量仅是牧场的37%，休闲地的59%。

森林中的地被物

土壤种类，土粒大小、颜色、疏松性和土壤中水潜伏的深度等，对于蒸发作用都有影响。土粒愈小，彼此愈紧接，因而土壤毛细管的直径也愈细。毛细管愈细，水分蒸发作用愈弱。疏松土壤的毛细管较粗，蒸发较强。如果土壤中水分缺乏，水分以水汽的形态在土中移动，那么压紧土表，可以阻止水汽从土中逸入空气；土壤疏松多孔，很容易使水汽散失。此外，如土壤中水位高低，水中含有盐分，这些因素，都和蒸发的强弱有关系。水位愈高，愈接近蒸发面，蒸发愈强。土壤中水多少含有一些盐分，因此土壤中水分的蒸发速度比蒸馏水较慢，但是这种差异并不显著，只有在土壤中水分所含的盐的浓度达到能使植物死亡时，才有显著得降低。

森林区域土壤表面的情况是不同于无林地的。第一，森林中土壤的表面有枯枝落叶，有地被物，它们能吸收大气中的水分，降低土壤中毛细管的作

趣味点击　浓　度

浓度是指1升溶液中所含溶质的摩尔数。以单位体积里所含溶质的物质的量（摩尔数）来表示溶液组成的物理量，叫该溶质的摩尔浓度，又称该溶质的物质的量浓度。

用，使土壤蒸发量减少。观测结果显示：在森林中有枯枝落叶层的土壤，比无枯枝落叶层的土壤蒸发减少7% ~10%。其次，森林区域的土壤表面，常常被小动物在地下掘成通道，破坏土壤中的毛细管，使水分不易蒸发。而且相反的，由于这些通道不是暴露在空气中而是掩蔽在地下的，所以反而容易吸收大气中的水汽，这样就使得森林区域土壤中的水汽蒸发更不容易。

森林区域的地形也不一定是平坦的。有的在山上，有的在盆地中，有的在斜坡上。地形不同，土壤表面蒸发就不一样。假设在倾斜15°的向南斜坡上蒸发为100%，那么在倾斜度相同的东向斜坡上，蒸发降低为86%，西向斜坡降低为84%，北向斜坡降低为71%。

总的说来，森林区域土壤表面的蒸发量较小，它是由各种因素所决定，异常复杂的。可是树木林冠的表面上，树枝树叶上，蒸发到空中的水汽也是不少的。这些水汽的来源，有的是在降雨、降雪时期截获的，有的是因为晚间空气中的水汽凝结在它上面的。由于这些林冠以及树枝树叶的面积特别大，截留的水分多，汽化到空气中的蒸发量也就多了。

至于树木的蒸腾作用，是一个生理的过程。在一般情况下，形成1克树木组织，要蒸腾300 ~400克的水。这些水，都是由树木的根部从土壤中吸取的。水分被吸取后，通过树干送到叶子中，几乎完全由叶子蒸腾掉，只有很少量吸收到植物的组织中。在气候干燥的区域，植物只能从1千克水中截取1克。而在潮湿的气候中，则能截取2 ~3克。这就说明了树木必须从土壤中吸取大量水分，才能适应它在生长时期中的需要。同时，森林区域的空气中，也就因此而得到更多的水汽。树木的蒸腾作用是由许多因素决定的，如树木的品种，根的分布状态，树木发育与增长的程度，湿度，温度，光照，土壤的成分和它的化学特性，等等。现在分别说明如下：

树木的品种不同，在生理过程中，吸水、放水的情况就不一致。凡是需要水分多的树木，蒸腾量亦必然多。根据需要水分的情况，树木可以分为三大类：①水生植物，只能生长在潮湿的环境中，如黑赤杨、水生柳等。这种树木，生长时需要大量的水分，因此，它蒸腾而出的水汽就很多。②干生植物，这种树木在干燥的气候环境中也能生长，如梭梭木等。水分来源少，因而蒸腾放出的水汽就不多。③中生植物，这种树木如胡桃等，水分的需要量变化很大，蒸腾量也必定有很大的不同。由此看来，树种不同，蒸腾量的大小也会随之而不同。

梭梭木

树木根部深入地下，吸取水分，因而使地下的毛细管作用加强，继续不断地把水汽送入空气中。可是根系的深度也是随着品种和环境而不同的。有的树木根部深，有的浅。土壤层厚的地方根部深，浅的只有向横处发展扩大面积。在有利的条件下，这个深度有时能超过树的高度。像俄罗斯南部的橡树，根部深度就超过了树高。通常的情况，根深是在 2 ~4 米。因为根这样深，与根部相接触的土壤，又把更深处的水分，借毛细管的作用送到根内。有的松林里，松的根系竟达 5 ~7 米。

树木的根部，不但很深，而且分布的面积很广。它生长着很多的根须，分布在各层土壤中。树木根系小的只有几十米，而大的却有几千米。这样巨大的根部，吸水能力也是很强的。气候愈干燥，根部愈深，分布的面积愈广。干燥地区树木的根深达 10 米，侧根分布的面积，可达 150 平方米到 200 平方米。这些根分布在地下，好像自来水管一样，吸取土壤中的水。根据俄罗斯一个考察团的资料，一年内森林从 1 公顷土壤里吸取的水分与蒸腾到空气中的水分，有 100 万 ~350 万千克，占该地降水量的 20% ~70% 。

树木蒸腾作用的强弱，主要看树叶的多寡，而树叶的多寡，又与树木的发育与增长的程度有密切的关系。同一树种，在不同的树龄和不同的季节中，

四通八达的根系

蒸腾数量是有差异的。同时，树叶的外表，又有针叶与阔叶两种，它们的蒸腾数量，也是不相同的。根据资料：老年的针叶树比幼年的针叶树蒸腾量要少 3～3.5 倍。幼年乔木蒸腾的水分比老年乔木多。又根据实验，知道针叶树的蒸腾能力比阔叶树的蒸腾能力小。

春季是树木欣欣向荣的时期，夏末秋初是凋谢的时期。因此，春初需要水分多，蒸腾量亦大，秋季较小。春季槭树叶的蒸腾比夏末多 1.5～2 倍。因此经过冬眠的针叶树，一到温暖春晴的天气，地面部分马上就恢复蒸腾作用，可是地下仍然冻结未解，吸水无路，放水之门大开，树木往往因此而枯死。

树木因有蒸腾作用，所以送到空气中的水分量很多。一般来讲，比同一地带的水面在同样条件下的蒸发量还要大些。这是因为树木有众多的树叶，蒸发面比它生长的土地面积大了若干倍的缘故。1 公顷 44 龄桦树林的叶面积有 7.5 公顷，无怪乎它能发挥出这样巨大的效用。可是有的树木树皮很厚，

拓展阅读

侧 根

侧根是由根的内部组织形成的。在种子植物中，侧根一般是从和原生木质部邻接的中柱鞘的细胞形成的。侧根的形成不是在主根的生长点处，而是在它的成熟部开始的。侧根的中柱与主根的中柱相连，水分和养料可以通过导管、筛管相互流通。通常主根对侧根的生长有一定的抑制作用，特别在根端附近更为明显。假若将主根的根端切除，则侧根迅速长出。

而且角质化或有茸毛蜡质层，分泌挥发油，气孔少而深陷，叶子组织紧密或者叶子少，情况就不是这样。不过它与附近无林区相比，送到空中的水汽还是较多的。

基本小知识

角质化

表皮最重要的生理功能就是形成一层保护性外皮，即角质层，以抵御外界而来的各种刺激。表皮细胞会依基底细胞→棘层细胞→颗粒层细胞→角质层细胞的顺序形态转变，并向表层逐渐移动，最后变成角质层细胞。这种表皮细胞的分化过程叫角质化。

空气的潮湿程度，对于树木的蒸腾作用关系最大。计算空气潮湿程度的方法有好几种，最基本的是水汽压。空气是混合气体，整个空气柱在单位面积上所施的压力叫大气压，其中水汽部分所施的压力，叫水汽压。在一定的温度下，空气中所含的水汽量，只能达到某一个最大限值，当空气中的水汽含量达到这个最大限值时，就叫饱和空气。饱和空气所施于单位面积上的压力，叫该温度下的饱和水汽压。在某一温度下饱和水汽压与现有水汽压的差值，叫饱和差或湿度差。干燥的地方，空气中水汽少，离饱和的程度很远，饱和差大，树木的蒸腾作用极快。有时因为气温高，又有干燥的风吹来，空气中水汽极少，树木的蒸腾作用加速进行，树叶失水过多，根系吸来的水分来不及供应，树木就会发生枯萎的现象。相反的在低温而湿润的地区，空气中饱含水汽，饱和差小，植物的蒸腾作用就弱。

空气温度对于树木蒸腾作用的影响虽然很大，但却是间接的。气温降低了，原有的水汽距离饱和程度就较近，饱和差变大，蒸腾作用慢。气温高了，原有的水汽距离饱和程度就较远，饱和差变小，蒸腾作用快。因此，树木的蒸腾作用，夏季比冬季快。其次，树木的蒸腾作用是通过树木的气孔来进行的。根据实际观测，气温在40℃以下时，气孔开放或收缩的能力最强，它可以随着外界条件的变化，加强或减弱它的蒸腾作用。可是气温超过40℃时，气孔就大大地张开，失去收缩的能力，树木内部的水分就会大部放出，树木就易枯萎。此外，气温较高，土壤温度也会相应的升高。土壤温度高，就会加强把水分送入树木的根部，通过树干和树叶，再把水汽送入空气中，加强蒸腾作用。相反的，气温低时，树木的蒸腾作用就会减弱。

光照可以分直射光和散射光。直射光就是日照；散射光不是由太阳直接照射来的光线，如日出前、日落后天空的亮光等都是。森林区域，直射光较少而散射光很多。散射光可以使蒸腾作用加强 30% ~40%，而直射光则可以增强好几倍。因此，树木蒸腾作用的强弱，与太阳照射是有密切关系的。

树木蒸腾作用的强弱，跟土壤这一因素也有着很大关系。在土壤中，有许多阻碍根部吸水的力量，称为持水力。土壤持水力的大小，是由土壤的成分决定的。因此，土壤的种类不同，持水力也就有所不同。例如土壤中水都是各种盐类的溶液，它与净水不同，溶液本身有吸取力，不易让水分失去，因而根部就难吸收。又如土壤中是有胶性物质的，如果土粒愈细而且胶性物质愈多，那么土壤中被土粒和胶性物质紧结着的水分也愈多。这些水分，是很难被根部吸收的。任何土壤中都有盐类和胶性物质，但是含量的多寡各处不同。因此，树木根部的吸水量和由树木蒸腾到空中的水汽量，也就受到影响，在分量上有所差异了。

趣味点击　散射光

在光的传播过程中，光线照射到粒子时，如果粒子大于入射光波长很多倍，则发生光的反射；如果粒子小于入射光波长，则发生光的散射，这时观察到的是光波环绕微粒而向其四周放射的光，称为散射光。

风对蒸腾作用也是有影响的。风吹来时，树木周围的饱和空气就会不断地离开，干燥的空气就会不断地吹来，这样，就增强了蒸腾作用，尤其是干燥风吹来时，影响特别强。森林边缘的树木蒸腾作用比森林内部强，就是这个缘故。

以上这些因素，都影响着森林区域的蒸腾速度的快慢和蒸腾量的大小。同时，这些因素，又是相互影响的。比如光照不同，会影响温度、湿度和风。树木品种不同，土壤特性不同，会影响根部的水分吸收和蒸腾量。同时气候

条件又能影响树木的生长，彼此是相互关联的，而且是错综复杂的。所以说，树木的蒸腾作用并不是一个简单的过程。可是尽管如此，森林区域既有蒸发，又有蒸腾，送入空气中的水汽，还是非常多的，远非无林区域所可比。

◎空气湿度的变化

由于森林区域的蒸发作用和蒸腾作用，进入空气中的水汽量比无林区域多，加上森林区域的风速小，空气的垂直交换作用不强，森林中的绝对湿度一般都比无林地高。它们的差别，以林冠内最大，接近地面的空气层内最小。根据观测得到的资料显示，在林冠内，空气的绝对湿度最大，在 7 月到 9 月，栎树林冠内空气的绝对湿度的昼夜平均数，要比无林地 2 米高处的昼夜平均数高。在晴天午后 1 时，它们的差异更大。森林林冠内，绝对湿度经常比无林地高；在早晨 7 时，相差最小。这和前面所说的气温差异情形相似。在早晨日出时，无林地气流平静，空气的垂直交换不强，无林地地面蒸发出来的水汽，停留在下层空气中，所以它的绝对湿度与林冠内还相差不多。到了午后，无林地地面空旷，垂直涡动对流旺盛，上升气流和涡动把水汽从低层带入较高的气层中去，下层水汽更少。森林中空气垂直交换很弱，气温高时，蒸发和蒸腾作用更强，进入空气中的水汽量更多。所以，它们的差异最大。

在贴近地面层的空气中，森林中和无林地的月平均绝对湿度的差异不大。根据俄罗斯沃龙涅什省森林草原带孤立的栎树林中和无林地中的空气绝对湿度平均值比较，1 月份两者没有差异，7 月份森林中近地面空气的平均绝对湿度要比无林地高。就全年平均来讲，森林中的绝对湿度也比无林地高。

湿　度

湿度，表示大气干燥程度的物理量。在一定的温度下在一定体积的空气里含有的水汽越少，则空气越干燥；水汽越多，则空气越潮湿。空气的干湿程度叫湿度。在此意义下，常用绝对湿度、相对湿度、比较湿度、混合比、饱和差等物理量来表示。若表示在湿蒸汽中液态水分的重量占蒸汽总重量的百分比，则称之为蒸汽的湿度。

现在我们再来谈谈森林中与无林地相对湿度的差别。相对湿度的大小，一方面要看空气中水汽压的大小，一方面还要看当时气温的高低。气温高，空气含水汽的能力强，饱和水汽压高。气温低，空气含水汽的能力弱，饱和水汽压低。按照定义，相对湿度可表示为：

$$相对湿度=\frac{空气中现有水汽压}{当时温度下饱和水汽压}\times 100\%$$

在冬季，森林中水汽压与无林地水汽压相差不大，而森林中气温又较无林地稍高，所以它们的相对湿度差别也极小。很多时间是完全相同的。但是到了夏季，森林中水汽压就比无林地高，而森林中气温又较低，饱和水汽压因此较小。根据上式计算，森林中的相对湿度就更显得比无林地大。下面三种资料，很清楚地表现出这种现象。

首先看株高1.5米的幼龄栎树林中所测得的资料，相对湿度的最大值是在林冠内。在7月到9月，林冠中空气日平均相对湿度比旷野上2米高处要多出8%～11%。在晴天午后1时，这种差数平均可以达到22%。晴朗干燥的天气中，风力微小而空气上升运动旺盛的时候，无林地近地面2米处气温高，水汽多被上升气流带至上层，所以相对湿度小。森林中气温较低，上升气流不盛，由于树木的蒸腾作用，林冠中水汽压又较高，因此，这时森林中的相对湿度比附近无林地高33%～34%。

再根据俄罗斯沃龙涅什省森林草原带孤立的栎树林中和在附近的无林地中的观测，空气相对湿度的月平均值如下表所示：

纪录时 \ 项地	7时、13时、21时空气相对湿度的平均数（%）			13时空气相对湿度的平均数（%）		
	森林	无林地	差值	森林	无林地	差值
1月	86	86	0	84	84	0
7月	80	71	+9	66	53	+13
全年	80	77	+3	69	65	+4

由上表可见，在1月份，由于气温低，饱和水汽压小，所以森林和无林地的空气相对湿度都比夏季大，但二者的差值为零。在7月份，气温高，饱

和水汽压大，森林和无林地的空气相对湿度都比冬季小。但无林地气温比森林中的气温高，所以空气相对湿度就更加小，森林与无林地空气相对湿度的差值就增大。如7月份13时的平均数相比，两者的差异尤其显著。

另外一个资料，是在俄罗斯沃龙涅什省43龄的栎树林中和田野间，利用湿度计观测到的空气相对湿度的连续纪录。下图是以等值线表示各月份中一昼夜内森林中与田野间空气相对湿度的差异。由图中可以看出，夜间森林中和田野间空气相对湿度的差异比日间小，日出前后差值最小。8时到10时森林中气温与田野间气温的差数最大，所以空气相对湿度的差异也最大。在靠近正午的时候，二者的差异又稍微减小。在16时到18时，差异又达到最高值，并且比上午8时到10时的差值更大。和气温等位图对照，就可以看出空气相对湿度的变化与气温的变化的关联性了。当森林中气温比田野间气温低得最多时，正是森林中空气相对湿度比田野间高得最多的时候。

第三个资料，是在早晨气温最低的时候，森林内各高度处空气都近于饱和状态，林冠与林内地面空气相对湿度的差别极小。上午8时二者差别约为5%，9时左右差值稍大，中午又约为5%，午后两者差值逐渐增大，17时左右达到15%～20%。17时以后，差别又迅速地减小；午夜到日出以前，降到最低值。

白天中空气相对湿度的最低值，出现在14时左右，与最高气温的时间相符。14时以后，林中上下层的空气相对湿度差别愈来愈大。在空气相对湿度最低时，两者差值并不最大。林中地面上因为水汽长时间积蓄，对流交换作用又不强，所以黄昏时气温开始降低，空气相对湿度就显得比林冠以上高得多。

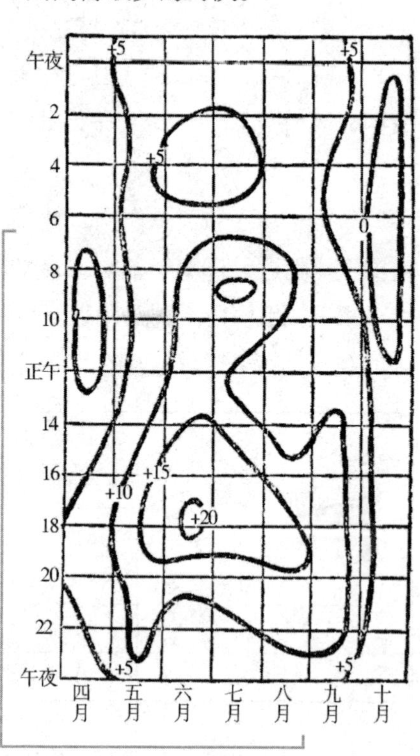

森林中和田野间相对湿度的差异图表

知识小链接

对流

液体或气体的相对运动。因温差等引起密度变化而产生的对流称自然对流；由于外力推动（如搅拌）而产生的对流称强制对流。对于电解液来说，溶质将随液体的对流而移动，是电化学中物质传递过程的一种类型。

根据实验可知，在一天中以15时各高度处的空气相对湿度最低。在7时~21时最潮湿的空气层不在地面，而在距地3米的高处。到了夜间，空气的垂直交换不强，地面层空气最潮湿。由于林冠处的蒸腾作用，进入空气中的水汽也多，因此也很潮湿。在此时距地3米的高处，空气相对湿度就比地面和林冠小。

◎森林对降水的影响

降水的形态很多，一类是由云中降落到地面上的降水，包括雨、雪、霰、雹等；另一类是由空气中的水汽在地面上或地面物体上着落而形成液体或固体状态的，包括露、霜、雾凇和雨凇等。气象学上所称的降水量，就是指这些液体降水和固体降水（化为液体后）的深度而言，通常以毫米为单位。

趣味点击

雨凇

超冷却的降水碰到温度等于或低于0℃的物体表面时所形成玻璃状的透明或无光泽的表面粗糙的冰覆盖层，叫雨凇。俗称“树挂”，形成雨凇的雨称为冻雨。

森林对降水的影响极大，一方面它能增加降水量。另一方面，林冠又能截留一部分降水量，减少径流，蓄积雪量，延缓融雪的过程。

资料显示，森林地的降水量多于无林地，平均每年森林地降水量比无林地多17.4%，绝对值多93毫米。再就四季来划分，森林地比无林地多出的降水量百分数如下：

季 节	平均量（%）	最低量（%）	最高量（%）
冬 季	54.2	20.8	81.7
春 季	13.1	0	46.7
夏 季	8.0	1.4	24.0
秋 季	14.8	0.4	27.7
每年平均	17.4	3.8	26.6

除了上面的例子以外，在俄罗斯沃龙涅什省森林草原带的赫列诺夫斯基松林区中，5 月到9 月的降水，比该林附近开旷地上在同一时期的降水要多10% ~14% 。

森林上空，从云中下降的降水，为什么会比无林地多呢？原因有以下几点：

(1)森林能截留降水，减少地面的径流，使雨水缓缓地渗透到土壤中去，提高土壤中的水位，再通过根的吸收和叶子的蒸腾作用，将大量的水分送到林地的空气中去。同时，树枝树叶上，林区地面上截留下的降水，又有广大的蒸发面蒸发水汽。因此，森林区域空气中的水汽量多，空气湿度大，容易饱和凝结。

(2)森林林冠的气温，除极少时间外，一般都比附近的无林地低。气温低，含水汽能力弱，更容易促使空气达到饱和状态，便于水汽凝结，成云致雨。

(3)森林是气流移进的障碍，平流的空气，遇到大森林的阻碍时，就会被迫上升，在林墙附近和林冠上部产生涡旋。这些涡旋，使森林上空的空气成涡动状态，促使空气有上下交流的运动。气流上升后，因高层的气压愈来愈低，上升空气的体积就会膨胀（好像氢气球升到高空要胀大一样）。膨胀时，气体分子运动要消耗热能，因此气温显著得降低，含水汽的能力变弱，就会有大部分水汽凝结成为浓云，终至降雨。

森林地除了能增加自云中下降的降水以外，露、霜、雾凇、雨凇等也比无林地多。在空旷的田野上，夜间辐射冷却的表面，仅是地面，而森林区辐射冷却的表面，除了林中地面以外，还有树木的枝叶等。在夜间，林冠辐射

雨 凇

放热最多，冷却的效应最显著。又由于森林的蒸腾作用，空气比较潮湿。这种潮湿的空气，与冷的林冠接触，气温降低到露点或露点以下。空气中的水汽，就附着在树木的枝叶上，冷凝成露水。若凝结的温度在0℃下，就凝结成霜。在稠密的林冠上，露或霜的数量远比无林地上多，就是这个缘故。在森林内的地面上，由于树冠阻挡了森林区土壤表面所辐射出来的热量，夜间冷却的效应不显著，所以林下地面的露或霜没有林冠上的多，也不及空旷地面上的多。但是在早春或晚秋，树木发叶前和落叶后没有稠密的林冠，林中地面上有枯枝落叶层覆盖，夜间这些枯枝落叶层大量辐射散热，表面很快地冷却，又因为导热性能不强，下层土壤的热量不能及时传导上来，补充它辐射散热的损失。在这种情况下，林中地面的枯枝落叶层上的凝霜量，就比无林地多。

在冬季高纬度地方，有雾的时候，空气中的雾在无林地可以无阻挡地飘悬空中，但一遇到森林的阻挠，就会着落在树枝上和针叶上，冷凝成白色疏松易于散落的结晶层。这种结晶层叫雾凇。据观测，在一株株高757厘米的24龄松树上，冬季能收集到106千克雾凇；从另一株株高372厘米的16龄松树上，能收集到50千克雾凇。森林中凝结的雾凇，平均每年有85毫米左右，占全球全年降水量

导热性

物质传导热量的性能称为导热性。一般说导电性好的材料，其导热性也好。若某些零件在使用中需要大量吸热或散热时，则要用导热性好的材料。如冷凝器中的冷却水管常用导热性好的铜合金制造，以提高冷却效果。

的9%。

在高纬度地方，冬季的雨水水温往往在0℃以下，这种雨水仍是液体状态，叫过冷却的雨滴。过冷却的雨滴着落在树木上，就凝结成一层透明的冰壳，称为雨凇。在长期和剧烈的严寒以后，普通的雨滴也能凝结成雨凇。森林能够截留降水，在高纬度冬季森林中的雨凇，也比无林地多。根据观测，在一棵20龄栎树的树枝上，因雨凇而着落的冰有155千克，而这一棵栎树的树枝只重30千克，全树的重量仅有61千克，所以雨凇往往能断裂树枝，有时甚至能折断树干。在俄罗斯库尔斯克省中，5米高果树的枝条上，一昼夜内可搜集到4千克左右的雾凇，在一年中可以搜集到80千克左右。在很多时候，田野间并没有积雪覆盖层，但森林中由于树上掉下来的雾凇，却可以积成一层薄薄的积雪覆盖层。

由此可见，森林中不论哪一类降水，都比无林地多。但是因为林冠可以截留一部分降水，所以森林地面土壤所获得的降水比附近田间所得的少。林冠截留降水的多寡，一方面看森林的组成、年龄和密闭度而异，另一方面又要看降水的性质、降水的强度而不同。

林冠稀疏的树种，透下的降水要比林冠浓密的树种多。成熟的桦树林，林冠截留降水量最少。就年降雨量来讲，林冠截留的降水，大约是田野的10%。松林林冠截留的年平均降水量较多，是13%～16%。稠密的云杉林林冠，截留水量最多，年平均大约是田野间降水的32%，所以全年降水中只有68%能透入林中地面。

同一树种，林冠截留降水的数量，又要看降雨的强度（即每小时降雨的数量）而定。

拓展阅读

昼　夜

昼夜由地球自转产生，谓之“太阳日”，但昼夜的长度并非等于地球自转周期，因为在地球自转一周的同时，也进行了公转，公转使地球对于太阳的相对角度发生了变化，而昼夜是以太阳照在地球上的范围来看的，所以一昼夜比地球自转周期多3分56秒。当地球自转时，面向太阳之地面为昼，背向太阳之地面则为夜。

降雨强度愈小，下雨的时间愈短，积蓄在林冠上的降水百分比愈大。如果雨下得很小，雨滴轻飘，下雨的时间又不长，那么全部雨水都被林冠截留下来，濡湿林冠枝叶，林中地面甚至不会打湿。如果雨滴粗大，雨时较长，那么被林冠截留下来的雨水百分比就较小，雨滴透过林冠降到地面上的较多，一部分雨水顺着枝叶沿树干下流，再流到林中地面。在这种情况下，林中地面上所获得降雨的百分数就较大。

树种对雨水的截留是不同的，让我们先看看常绿林对雨水的截留。一棵60龄的老枞树，在小雨时每小时降雨5毫米，有$\frac{2}{3}$的雨量被林冠截留。雨愈大，下雨的时间愈长，被林冠截留的雨水愈少。不过必须注意，即使在倾盆大雨中，林冠截留的雨水量虽然变小，但也占有$\frac{1}{5}$左右。沿着树干往下流的雨水量，最多不过5%。只有在降水强度每小时在10毫米以上时，才有50%以上的降水透入林冠以下的地面。这一部分透入林下的降水量的分布，是很不平均匀的。接近树干的部分很少，树的外围增多。

落叶树林冠阻挡降水量没有常绿树多。在枞树的针叶上，雨水能够依附在它上面，但是在山毛榉树叶上，雨水能积聚起来，沿着枝干向下流。即使在雨量很小的时候，透过落叶树林冠下降到林中地面的降水，也往往在50%以上。沿着落叶树树干下流的雨水，也占全部降水量的$\frac{1}{5}$左右。

降雪时林冠截留雪量的效应，一般说来没有截留雨量的那样大。根据观察，平均在林外与林内雨量的比是100∶73，但是林外与林内雪量的比是100∶90。雪透过林冠下降到地面的能力比

树 干

树干分为五层。第一层是树皮。树皮是树干的表层，可以保护树身，并防止病害入侵。第二层在树皮的下面是韧皮部。这一层纤维质组织把糖分从树叶运送下来。第三层是形成层。这一层十分薄，是树干的生长部分，所有其他细胞都是自此层而来。第四层是边材。这一层把水分从根部输送到树身各处。第五层就是心材。心材是老了的边材，二者合称为木质部。树干绝大部分都是心材。

雨强，有两个原因：1. 雪积压在林冠上，重量大，容易散落到地面。2. 降雪时气温低，蒸发慢，不像夏季雨后蒸发极快，所以树冠上积雪不易蒸发，容易滑落到地面。

林冠截留雪量的多寡，一般来说，首先要看雪的性质而定。在气温接近0℃时，通常下降的是黏性的雪，能大量地截留在树枝树冠上。但在低温下所降的干雪，则比较容易穿过林冠，降落到林中地面。

除了雪的性质以外，林冠截留雪量的多寡，与森林的树种也有很大的关系。冬季桦树林所截留的雪量很少，约占全部雪量的4% ~5% 。松林截留雪量较多，占20% ~30% 。纯云杉林截留的雪量最多，可以达到50% ~60% 。

林冠虽然截留了一部分的雪量，但由于森林中风速较小，林中地面的积雪不容易被风吹走，能铺成平坦而疏松的积雪覆盖层。根据观测，森林和田野中雪水的总量，和积雪覆盖层的厚度，10 年中的平均数如下：

地　　点	覆雪的厚度（厘米）	冬季雪水的总量（厘米）
田　　地	42.3	107.4
林中草地	53.1	131.0
桦树林	51.3	120.6
松　　林	46.1	99.9
云杉林	35.4	77.9

由上表可以看出，林中草地覆雪的厚度和冬季雪水的总量最多。因为在降雪时林中草地没有林冠的截留，又由于森林的障蔽，风速极小，地面的积雪不致被风吹散。桦树林林冠所截留的降水量不多，林中风力小，冬季截留总量比田地多。松林和云杉林，因为林冠截留的雪量很多，所以林中地面冬季雪水总量比田地少。

在斜坡地带，没有森林覆盖，地面积雪不仅会被风吹走，也会沿斜坡下滑。坡地的森林，可以阻止积雪下滑，含蓄雪水。在空旷的田野，风将雪吹向低处，沿着森林的林缘堆积起来，不致吹散，所以森林对于积蓄雪水有很大的作用。

春季旷野上的积雪能够很快地融化，往往产生很大的径流和洪水。森林中风速低，空气的交换作用小，冷空气在融解着的雪面上聚集不散，空气与雪之间的热力交流缓慢，因此森林能够使地面积雪长久地保持。

◎径流和土壤中的水分

海洋河湖池沼等的水分，由于蒸发作用和蒸腾作用而变成水汽，进入空气中去。空气中的水汽达到饱和状态后，就附着在一定的凝结核上，经过一定的过程，形成降水，落到地面上来。地面上的水分，再通过蒸发、蒸腾作用，转化为水汽，混合到空气中去。这种水化为汽，汽再转变为降水的过程，叫大地上的水分循环。森林有加速水分循环的作用。

降水落到地面上，它的出路不外三条：一是蒸发到空气中去；二是由地表流失；三是渗入土壤。森林对于蒸发的影响，我们已经说过，现在说说森林与后两者的关系。经过许多试验和观测，证明森林能减少地表流失水量，使一部分水分渗入土壤，另一部分水分通过蒸发和蒸腾作用，很快地变为水汽，进入到大气中去。

地表流失水量，又称地表径流。森林为什么能减少地表径流呢？原因有以下几点：

(1)森林林冠能截留一部分降水，并且很快地蒸发到空气中去。林下的降水量比无林地少，尤其在夏季暴雨时，能减少地表径流。据观察，不但小雨时森林中不易发生径流，甚至在雨量强度为44毫米的暴雨时，也很少发生径流。

(2)森林中的雪融化较慢，所以大部分的水分都能慢慢地渗透到土壤中去，因而减少春季融雪所造成的径流。

水分循环

海洋、陆地水和大气的水随时随地都通过运动进行着大规模的交换，这种交换过程称为地球水分循环。在太阳辐射的作用下，地球上的水体、土壤和植物叶面的水分通过蒸发和蒸腾作用进入大气，通过气流被输送到其他地方。在一定条件下，水汽遇冷凝结成云致雨，又回到地面。在重力作用下，降落到地面的水经流动汇集到江河湖海，在运动过程中，水又重新产生蒸发、输送、凝结、降水和径流等变化。

森林径流

（3）森林中的土壤，因为腐殖质的分解和积雪的保护作用，林中土温较高，冻结的深度也较浅，在春季开始融雪时，森林土壤也已解冻，雪水就容易渗透到土壤中去，流失的水也就减少了。在空旷的田野中，土壤冻结层较深，所以春季融化的雪水，不易渗透到土壤中去，而以地表径流的方式流到河流中，冲刷地面的土壤，引起春季的洪水。

（4）森林中的土壤具有核桃状结构，善于吸收水分，减少地表径流。

（5）森林中的枯枝落叶层，具有很大的容水量和渗透性，能够保持水分，也能减少地表径流，帮助水分渗入土壤。

（6）森林中即使有一部分径流，也能被森林阻挡而减弱。

以上原因，说明了森林中的地表径流远比无林地少，尤其是当春季融雪期中，无林地的雪很快地融解，地表径流大，江河泛滥，往往造成很大的洪水，而森林地带就没有这种现象。

森林减少径流能力的不同，一方面看森林的面积大小，另一方面看森林分布的情况。在合理分布的防护林带，森林面积只要占整个区域的10%左右就能使森林草原的地表径流减少$\frac{1}{2}$以上。如果森林面积是这一地区的15%～20%，就可能使地表径流几乎完全终止。如果森林分布是任意的，那么即使森林面积达到70%～80%，恐怕还不能收到这种效果。

现在再来看森林区渗入土壤中的水分情况。由于林冠截留降水，森林内地面上获得的水分虽然没有田野多，但是由于林中地面蒸发慢，积雪覆盖层很厚，雪水融化速度慢，雪水和雨水的径流小，以及森林土壤的透水性强，森林土壤比无林地土壤得到的水分多。根据观测，森林土壤平均每年比田野土壤要多获得107毫米的水分。

知识小链接

防护林

防护林是为了保持水土、防风固沙、涵养水源、调节气候、减少污染所经营的天然林和人工林。它是以防御自然灾害、维护基础设施、保护生产、改善环境和维持生态平衡等为主要目的的森林群落。它是我国林种分类中的一个主要林种。防护林类型一般有人工营造的（包括连片林地、林带和林网）和由天然林中划定的（如水源涵养林、水土保持林等）两类，严禁砍伐和破坏。营造防护林时我们必须根据“因地制宜，因需设防”的原则。

在草原地区种植森林以后，土壤湿度就有显著增加，地下水位也随着上升。如在俄罗斯沃龙涅什省卡明草原，在涨春水时，草原中地下水位为73毫米；在森林带之间的田地为91毫米，而在森林带内，则为165毫米。在干旱的年份，无林地土壤的地下水位降低很快，而在森林下面的地下水位却不会突然下降，必须等到干旱的次年才会下降。假使干旱的次年降水量较多，那么森林土壤中的地下水就很容易得到补充，旱情就慢慢地消失了。所以无林地地下水位的变化往往很大，而在有森林的地区，因为森林的调节作用，地下水位在一年中变化较小，地下水流动很慢，通常一年只流动2千米。它缓缓地流入河、溪、湖、海里去，或以泉水状或以各种自流井水状自地内冲到地面上来，成为大地水分循环的一部分。

在俄罗斯北方多沼泽的地区，地面温度低，蒸发弱，地下水位极高。种植森林以后，由于森林根系在土壤内吸收了大量的水分，通过叶子的蒸腾作用，将这些水分化为水汽，进入到空气中去，这样就会逐渐地使地下水位降低，防止地面沼泽化。

由此可见，森林又是土壤湿度的调节者。在地面水分循环中，森林起着很大的作用。我们很清楚地看到这样的事实：无数河流，每年从陆地上把千

百亿立方米的水带到海洋里去，在阳光的照耀下，这些水不断地蒸发为水汽，进入到大气中来。海洋气流又把这些水汽送到大陆上，经过一定的过程，以雨雪等形式下降，完成自然界的水分循环。这种循环，基本上就是海洋与陆地之间水分的交换，又称为水分的大循环。就从陆地的角度来讲，被江河送到海洋里去的水，在水分收支中算是支出。而由于蒸发作用，以雨雪和其他降水形式来到大陆降落的水，算是收入。

濒临陆地的海平面，并没有多大的变化。因此可以推想，流经广阔的海洋并在那里蒸发的水量，与以雨雪或其他降水形式降落到陆地上的水量之间，有某种均衡的趋势。自然界中的水分收支，应当是平衡的。但是经过直接观测和计算，这种均衡的趋势并不存在。

为什么会有这么大的差额呢？这就是水分循环次数的问题了。由海洋来到陆地的水分，并不是一次而是更多次地参加降水过程。海洋气流中的水汽，登陆凝结成为降水后，并不是完全地流到河流中，而是从植物和蓄水库的表面蒸发到大气中去，因而它再次凝结成云，下降成雨雪，落到地面上来，增加降水的数量。

趣味点击　　自流井

地下水有两种不同的埋藏类型，即埋藏在第一个稳定隔水层之上的潜水和埋藏在上下两个稳定隔水层之间的承压水。钻到潜水中的井是潜水井。打穿隔水层顶板，钻到承压水中的井叫承压井，承压井中的水因受到静水压力的影响，可以沿钻孔上涌至相当于当地承压水位的高度。在有利的地形条件下，即地面低于承压水位时，承压水会涌出地表，形成自流井。

这种水分循环，叫内部水分循环，又可以叫水分小循环。森林能够截留一部分降水，在林冠和枝干上蒸发，减少径流，增加土壤水分。通过根的吸收，叶的蒸腾，又化为水汽，进入到空气中去，使空气的湿度变大，改变气流的构造，加速降水的过程。这种作用，都使得内部水分循环的次数增多。

森林对气温的影响

◎森林里光热的强度

太阳光照是地球上热量的主要来源。森林区域因为森林覆盖着大地，阻拦了太阳辐射，使到达林中的太阳能大大地减弱。林中所得到的太阳能，既然大大地减弱，林中气温的变化也就特殊了。所以在谈林中气温变化之前，有必要先了解太阳光照到达森林后所起的各种反应。

森林区域对阳光发生阻碍的部分是林冠。林冠对于太阳辐射来的阳光会起多种反应：有的被反射而出，有的被林冠吸收，其余的部分才能透过林冠到达森林的内部。一般来讲，假定以到达林冠上的日光算作100%，那么，由林冠反射而出的日光是20%～25%，林冠吸收的日光是35%～75%，透过林冠能到达森林内部的日光仅占5%～40%。由此可以看出，太阳能在林冠区域损失的较多，林下所得的是比较少的。

太阳辐射出来的光线，如用三棱镜分解，可以得出红、橙、黄、绿、青、蓝、紫七色。在此七色中，以红色光波较长，紫色光波较短。地面上受到太阳光辐射后，又由地面把光热辐射而出。这个辐射而出的光波，更长于太阳光的红色光波。因此，太阳辐射的光，是短波辐射，而地面辐射的光，是长波辐射。

拓展阅读

反　射

反射是一种自然现象，表现为受刺激物对刺激物的逆反应。反射的外延宽泛。物理学领域是指声波、光波或其他电磁波遇到别的媒质分界面而部分仍在原物质中传播的现象；生物学领域里反射是在中枢神经系统参与下，机体对内外环境刺激所做出的规律性反应。

森林区域的空气，林冠以下，二氧化碳的数量逐渐增加。

同时，森林区域水汽比较多。它们对于太阳辐射能是会起不同反应的。以二氧化碳来讲，它能使日光短波辐射相当顺利地通过，而对于地面长波辐射却发生阻碍作用。以水汽来讲，它能吸收地面长波辐射的热量。因此，森林中二氧化碳及水汽对于光热所起的反应，不是一个简单的过程。一方面，由于林冠的阻碍，林内得到的光热较少。另一方面，二氧化碳及水汽起着保护作用，顺利地让日光进来，却阻碍了地面辐射出去。所以森林中得到的太阳能虽少，但是还能充分地利用。

以上所谈是一般的情况。森林的林冠并非都是一样的：有的枝叶茂盛，林冠密；有的枝叶较少，林冠疏。疏密的情况不同，透过林冠到达林下的太阳能，数量就有参差。森林林冠的疏密通常是用密闭度来表示的。密闭度就是在森林中看天光的部分占林冠部分面积的比例。它是以完全受光地的光照强度为100计算的；因为林冠密闭度不同，林下所得光能的百分比也不同。因此，密闭度大小，是直接影响林下所得太阳能的。

这种情形，同我们夏季在阳光下行走时头戴草帽一样。如果戴一顶好的草帽，阳光就照不到我们脸上；如果戴一顶破的草帽，就会有很多阳光透射到脸上。草帽的好坏，类似于林冠的密闭度。透到脸上的阳光，类似于林下所得的光能。

有一个问题，那就是林冠的密闭度为什么有大有小呢？

这是决定于树木的年龄和品种等因素的。

以树木的年龄来讲，树木的年龄不同，需要的光热量就不同，因而光热通过林冠被吸收的数量，以及达到森林内部的数量，就会有所不同。根据实际观测，17龄的树，有很密的树冠，透到林冠以下的光热，很少达到外界光热总量的10%。这是

拓展阅读

地面辐射

地球表面在吸收太阳辐射的同时，又将其中的大部分能量以辐射的方式传送给大气。地球表面这种以其本身的热量日夜不停地向外放射辐射的方式，称为地面辐射。

由于树木生长最盛的时期需要热量较多。但是随着树龄的增加，林内所得到的光热反而较多。120 龄的树，林内所得到的光热量，可达到外界光热总量的 30% ~35% 。

同样理由，季节不同，天气状况不同，林中所得到的光热也是不同的。根据下面的纪录，可以看出这个情况来。

观测的时期	林中所得到光热量与无林地的百分比（%）		
	针叶树林	混合树林	阔叶树林
4 月底萌芽之前	8	22	51
5 月底萌芽之后	7	14	23
9 月底叶子变色之前	4	4	5

季节不同，林冠密闭度不同，林内所得到的光热就不同。夏季白昼中森林内部地面得到的光热，只有田野中或林冠上部光热的 10% 左右，而林冠却阻碍了太阳能，达到 90% 左右。到了 9 月底，林冠的密闭度已到盛极将衰的时期，所以林内所得到的光热量最少。

其次，树种不同，林内所得到的光热也是不同的。下面的表格可以证明。

树种		林内光度与林外光度的百分比（%）	
		无叶时	有叶时
落叶树	红山毛榉	26 ~ 66	2 ~ 40
	橡树	43 ~ 69	3 ~ 35
	白蜡树	39 ~ 80	8 ~ 60
常绿树	冷杉	—	2 ~ 20
	云杉	—	4 ~ 40
	苏格兰松	—	22 ~ 40

根据上面所说各点，我们可以知道，季节不同，树种不同，林下所得到的光热就不同。这就大大地影响了林内的气温。

森林区域不但能改变光的强度，而且能改变光的成分。

森林所吸收的光线，主要是红、橙、黄、紫、蓝、绿等光钱。对绿色光

线，吸收较少，反射较多，这就是森林中光线成绿色的原因。树木在分解二氧化碳与形成叶绿素时，需要红光。在生长和形成幼芽时，需要紫光、蓝光和青光。树木制造有机物的主要器官是叶子。而幼芽也是在靠近叶子的地方生长的。林冠部分叶子最多，因此这些光线多半已被林冠部分所吸收了。这样，就使得林冠以下光线的成分也改变了。

叶绿素

叶绿素是一类与光合作用有关的最重要的色素。光合作用是通过合成一些有机化合物将光能转变为化学能的过程。叶绿素实际上存在于所有能进行光合作用的生物体，包括绿色植物、原核的蓝绿藻（蓝菌）和真核的藻类。叶绿素从光中吸收能量，然后能量被用来将二氧化碳转变为碳水化合物。

在夏季，林冠最密，大部分光热已在林冠部分消耗掉，传到林内的光线，以绿光为最多，所以盛夏徘徊于绿荫深处，颇觉凉爽。

总的来讲，太阳照在森林里，由于林冠的阻碍，林下的光线不但强度减弱，而且成分也会改变。减弱及改变程度的大小，决定于树龄、树种及季节等条件。森林中所得到光热的强度及成分不同于无林地，反映在气温方面的情况也就不同。

◎森林里气温的昼夜变化

森林区域气温的昼夜变化，不同于无林地。无林地太阳直接照射在土壤上，地面上气温的变化完全受土壤温度变化的影响。森林区域太阳照射在树木上，尤其是林冠上，森林内部所得到的光热较少。所以林内与林冠部分气温完全不同。

根据对一个树龄115年的森林，树高24米，林中还有一层40年到50年的山毛榉的观测，可以看出日出前、日出时、上午、午后、黄昏五个时期气温变化的情形。

日出前，因为森林林冠经过长期的辐射放热，在距地面23米林冠处，温度最低。在林冠以下，因为林冠阻碍，林内热量不易放出，接近地面的地方，气温最高。所以，森林内近地面的气温高于林冠表面的气温。

日出时，在距地面27米的林冠上，开始受到阳光的照射，就渐渐地热起来了，温度曲线开始向上升。1小时后，由于太阳渐渐升高，林冠上所得到的热量较多，因而林冠上的气温升高得最快。但此时林内地面还是比较冷，气温没有多大变化。所以林冠表面的气温与林内的气温相差很大，有5℃之多。

到了上午8时左右，由于太阳较高，稠密的林冠已经吸收了大量的光热。因此，在23米处林冠内的气温，几乎与林冠上的气温相等。到了日出三个小时以后，由于全部森林吸收到日热，气温曲线才开始全部升高。但是因为林冠上较冷的空气不断地下沉，以致27米和23米处的气温曲线相应地发生强烈的波动。可是，这种情况不影响森林的内部，所以林内气温曲线还是比较平直的。

到了午后，23米处林冠内气温最高，林冠以上的自由大气以及林冠以下森林内部的气温均较低。此时，由于林冠上对流强，气温的变动幅度大，气温曲线波动很强。但在林冠以下，气温的变动幅度已逐渐变小了。离地面3米处气温的曲线，已呈平直状。这说明这里气温变化是比较稳定的，热量的收支已接近平衡状态了。

到了下午，各处气温曲线都呈向下倾斜的趋势，这是说明气温下降了。早晨各处气温由低升高，下午又由高降低。早晨日出后，地面受热，空气有涡动对流作用，打破了森林中冷空气成层的现象。到了晚上，由于冷却的关系，又造成冷空气成层的现象。从气温曲线看来，上午气温上升趋势比较剧烈，下午下降趋势比较和缓。

总的来说，森林区域气温的日变化，可以得出以下几点结论：

(1)林内气温变化和缓，林冠气温变化剧烈。所以日较差林内较小，林冠部分较大。

(2)白天林冠气温最高，夜晚林冠气温最低。最高、最低气温，均发生在林冠表面上。这是因为林冠阻碍光热及林冠上的冷空气，使它们不容易透入林中。

知识小链接

冷空气

冷空气和暖空气是从气温水平方向上的差别来定义的。位于低温区空气称为冷空气，多数在极地与西伯利亚地区上空形成，其范围纵横长达数千千米，厚度达几千米到几十千米。冷空气过境会带来雨、雪等，使温度陡然下降。每次冷空气入侵的强度不一样，有强有弱，降温幅度有大有小。冷空气像潮水一样涌动，其影响范围之广，可达到2000千米以上。冷空气由于移动的路径不同，受影响的区域也不同。

可是在密闭度小的森林中，情况就不是这样。因为密闭度小，枝叶间的空隙多，冷空气容易下沉，放热比较容易。最低气温往往发生在林冠以下，甚至发生在林中地面上，如松树林。

(3)森林中各部分气温是不相同的，都成层状的分布。白天由林冠到林中地面，气温逐渐降低。到了夜间直至日出之前，由林冠到林中地面，气温反而逐渐升高。在密闭度小的森林中，上下气温分布是比较均匀的。

林冠以上的自由大气，气温变化的情况就不是这样的，它是始终高于林内地面气温的。

午后1时左右，林冠以上的气温，同森林内地面上的气温较差最小。这是由于午间对流强，内外热力交换比较便利所致。一日中有两次较差最大：一在早晨，二在黄昏。因为晨昏时太阳高度较低，对流不强。到了夜间，气流平静，林冠不断地向上面的自由大气放热，所以同林内近地面气温相差不大。

总之，森林区域，在一日

拓展阅读

自由大气

自由大气下限高度随季节不同而变，冬季约500米，夏季约2000米。在中、高纬度，自由大气中空气运动基本遵守地转风或梯度风法则，气流几乎与等压线平行。

之内气温的变化，林冠以上、林冠内、林冠以下，情况都是不相同的。

◎森林里气温的季节变化

森林区域，由于林冠的阻碍，太阳光不能直接照射到林内。夜间又由于林冠的阻碍，热量不易放出。因此，在一日的气温变化中，白天降低了最高温度，夜间提高了最低温度；对于气温的升降，森林起了缓和的作用。在一年的气温变化中，也是如此的。

夏季白天在受热的时期内，林内的气温往往较无林地为低，其差值可达8℃~10℃。以月平均气温来讲，6月和7月差数最大，可达1℃或2℃。在冬季散热最强的时期中，林内气温往往高于无林地0.5℃~1℃。由于夏季差数大，冬季差数小，所以年平均气温是低于无林地的。资料显示，林内年平均气温是3.4℃，而草原年平均气温是3.7℃，林内低0.3℃。可见森林对气温的影响，是降低地面受热作用比减弱散热作用更强，也就是使夏季凉爽的效应比冬季增暖的效应显著。

以一年四季昼夜的情况来讲，那就更复杂了。可从下图看出来。

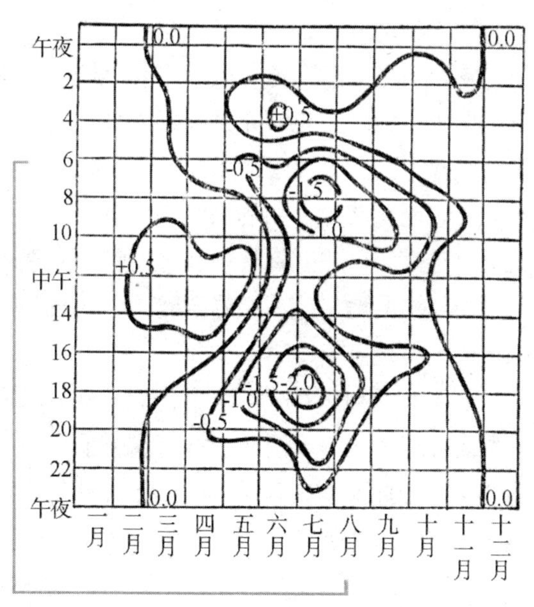

森林里气温的季节变化图表

在冬季，自12月份到2月份，森林中整个昼夜气温都是高于无林地，但是相差很小。这是因为冬季没有树叶，树枝树干都可以吸收光热，吸热面比无林地大。到了晚间，放热又不及无林地强，因而这几个月森林昼夜气温都高于无林地。

到了春季，由3月到5月，夜间气温比无林地低（5月份2时至4时稍高），但是白天却比无林地高。图上0℃的等值线，是说明二者气温没有差异的时间。正数的等值线是表示林中气温高于无林地。

负数的等值线是表示林中气温低于无林地。

在3月份，夜间2时到5时，森林中气温与无林地气温相同（0℃等值线，正好在此时经过）。5时以后到18时以前，即白昼时间，森林中气温比无林地高。下午18时以后到夜间2时以前，森林中反比无林地低。

拓展阅读

等值线

等值线是制图对象某一数量指标值相等的各点连成的平滑曲线，由地图上标出的表示制图对象数量的各点，采用内插法找出各整数点绘制而成的。

在4月份，0℃等值线在上午7时余和17时余两次通过。这就表示在17时余到次日7时前这一段时间，森林中气温比无林地低。

5月份的情况比较复杂，在8时以后到15时以前这七个小时内，森林中的气温比无林地高。另外在夜间2时到4时许，森林中气温亦稍高。其余时间都比无林地低。

由此可见，春季各月都是白天森林中气温比无林地高。原因是在没有树叶的时候，太阳光能够充分地透入林内；这充分的太阳光热，不仅被土壤表面所吸收，而且也被树干和枝条所吸收。林中空气不但由于和土壤接触而获得热量，而且又由于和晒热了的树干、枝条等的接触而获得热能，所以气温比无林地高。再加以森林中通风不畅，空气对流比无林地弱，更足以促进白天林中气温的增高。在仲春的时候，叶子脱落的树木阳光透入最强，林中气温能比无林地高出1.5℃~2℃。

到了夏季和9月份、10月份的一部分时间内，林中气温和无林地气温的差异比较复杂。白天因为森林有稠密的林冠，阻碍了日光照射，以致林中所得热量比无林地少，气温也就比无林地低。所以二者气温差数的等值线，在这一段时间内都是负数。

现在先从日出谈起。在日出以后，无林地因为没有遮蔽，地面很快地增热，气温也随着迅速地上升。但是森林中因为枝叶茂密，阳光透入不多，所以空气增暖很慢。因此，森林中的空气温度，比无林地间的空气温度低。在上午七八点钟前，差异最大。在7月间，太阳光热最强，无林地的气温更高，比森林中要高出1.5℃以上。

从上午8时起，无林地的地面已晒得很热。接近地面的热空气受热后体积膨胀，密度变小，就发生上升运动。上层冷空气密度大，因而下沉。空气的对流作用很旺盛，上下层的气温因为这种对流涡动而调和。森林中地面获得的热量虽不如无林地多，但因缺乏这些对流作用，热量的交换不盛，下层气温与无林地间气温的差异因而减少。

中午无林地上空气垂直对流和涡动作用强度最大，空气上下对流的速度最快。热量分散了，下层气温就不致急剧地升高。因此，这时候森林和无林地空气温度的差异最小。

中午以后，太阳高度角逐渐变小，地面所受太阳光热逐渐变弱，气温也就逐渐降低，无林地上下层的气温差变小。上升气流因此减弱，以至停止。无林地空气层的上下交换作用微小了，下层气温就显得比森林中暖热。森林和无林地间气温的差异，因此又逐渐增加。到了16时至18时，二者温度的差异又重新达到最大值，而且因为下午热量积累的关系，无林地气温高出森林中气温的数值比上午更大。在7月份达到2℃以上。8月份和9月份因为太阳高度角较小，光热较弱，二者的差异就没有7月份大。

自16时到18时以后，由于无林地强烈地放热冷却，气温逐渐降低。而林中气温，因为热量不易放出，就由负较差逐渐达到平衡而转为正较差，但较差的数值，逐渐缩小。日出前达到最大较差。在一年中，日出前最大较差是0.5℃，发生在6月份上午4时左右。这是由于一年中这时太阳高度角最大，林中在白天所积蓄的热量较多，所以夜间气温较高，较差也最大。

趣味点击　太阳高度角

对于地球上的某个地点，太阳高度角是指太阳光的入射方向和地平面之间的夹角。专业上讲太阳高度角是指某地太阳光线与该地作垂直于地心的地表切线的夹角。

总的来说，森林中气温冬季比无林地高，夏季比无林地低。冬暖夏凉，所以说森林是气温的调节者。

森林群落类型及地理分布

自然界没有完全一样的森林群落。但是只要两个地点所存在的生长环境和历史条件相似，相似的森林群落就有可能重复出现。我们所知道的群落是在一定地段上，以乔木和其他木本植物为主，并包括该地段上所有植物、动物、微生物等生物成分所形成的有规律组合。这章的内容涵盖了你想要知道的知识，一起走进森林群落，探知自然奥秘吧！

地质变迁与森林植物群落演化

我们今天所见到的包括森林在内的植被分布，只是植被分布史上的一个小片段。古生态学及植物地理学等学科的研究发现，自后古生代森林形成以来，森林植被及其分布格局始终处于动态变化之中，特别是距今一万两千年来，植被发生了巨大的变化。植被的历史变迁有时是突然发生的，更多的则是随着时间的推移而逐步进行着的。无论哪一种变化都是气候与地史变迁的集中反映，同时提示我们随着环境的演变，将来的森林也会发生相应的变化。

森林分布是森林植物区系对特定地区环境条件的综合反应，是二者长期相互适应的结果。也就是说，某一地带的森林类型或植被类型是与环境，主要是与气候密切相关的。气候条件对植被发生直接的影响，并通过土壤发生间接影响。土壤与植被的关系相当密切，可以把它们看作统一体，它们的性质依赖于气候、母岩对土壤发生影响，而植物区系则对植被发生作用。

森林群落的演化指的是森林植物群落的历史进化过程。现有的一切森林植物群落类型都是自然界长期历史进化发展的产物，是在长期的演化过程中逐渐形成的。森林分布是地质变迁与森林植物群落演化的结果。

森林植物群落的演化，一般通过吸收式演化和分化式演化两种途径实现。所谓吸收式演化途径实际上是新群落型在各个加入者的接触点上的形成过程。该过程从加入的新群落中获得的森林植物种及其复合体，在形成新群落的时候，由于扩大了对改变了的生态环境的适应性而获得进一步演化的新动力。几个不同森林植物群落的接触，往往造成在演化上年轻的群落出现。分化式演化途径与吸收式演化途径相反，是一个群落型分化成几个衍生群落类型的过程。通常都是一个包含多个优势乔木种的非常复杂的大群聚，分化成几个由一个或少数几个乔木种占优势的群丛。

两种演化过程经常结合在一起。多优势种的原始植被类型以及它们的分化产物，都受到周围植被类型的影响，后者在一定程度上都起着加入者的作用。

森林植物群落演化的推动力主要来自于地质变迁和气候变化。

现代森林的祖先是希列亚群落，最早出现在大约3.45亿年前的石炭纪，以裸子植物和古羊齿植物为主构成。二叠纪结束时，海底扩张，原始古大陆开始分离，亚欧大陆南缘形成古地中海，巨大的造山运动开始，气候也发生了从温暖到寒冷的剧烈变化，古羊齿植物灭绝，只保留了裸子植物，并在大约2.25亿年前的三叠纪时期形成了大面积的古针叶林。此后，从侏罗纪到白垩纪，地球表面的气候持续变暖，被子植物迅速发展，并以其高度的可塑性及多样的生活型形成垂直分化复杂的多层结构的森林植物群落。它们就是现代森林植物群落的主要组成者。

白垩纪

白垩纪位于侏罗纪和古近纪之间，1亿4550万年前至6550万年前。白垩纪是中生代的最后一个纪，长达7000万年，是显生宙的一个较长阶段。发生在白垩纪末的灭绝事件，是中生代与新生代的分界。

从白垩纪到新生代第三纪，地球上又一次出现大规模的造山运动，现代的最大山系都是在这个时期形成的。地球上的气候也进一步发生改变，表现为热带和亚热带气候范围不断扩张。植被带也相应发生变化。地球上出现了两个外貌不同的植被带：一个是温暖潮湿气候条件下的常绿林带，另一个是雨量适中并有季节交替的气候条件下的落叶林带。

200万~300万年前，第四纪冰川运动开始。冰川时进时退。进时气候变冷，退时气候转暖。喜温森林的树种组成受到明显影响，出现了大量的针叶树种，寒温带针叶林就是在这个时期形成的。典型的阔叶树种退向南方，并在森林带的南缘形成森林草原。受第四纪冰川运动的影响，第三纪冰川运动早期形成的典型森林树种从欧洲大陆销声匿迹。在少数受冰川影响较小的地

区作为孑遗树种留存下来，使这些地区，包括我国西南山地、日本、东南亚、墨西哥北部及美国东南和西南的部分地区的森林植物群落具有温带、热带和亚热带过渡的特点。

森林地理分布规律

森林是植物区系与阳光、热量、水分、氧气、二氧化碳及矿物质营养等相互联系相互作用的结果。因此，决定其地理分布的要素包括气候条件、土壤条件等，尤其是气候条件中的大气热量与水分状况对森林的地理分布有着极为深刻的影响。

由于热量与水分状况在地球表面分布的规律性，致使植被在地理分布上也呈现出相应的地带性规律，包括纬度地带性、海陆分布地带性和山地垂直地带性。纬度地带性决定于纬度位置所联系的太阳辐射和大气热量等因素；海陆分布地带性决定于经度位置距离海洋的远近所联系的大气水分条件。二者合称为水平地带性。山地垂直地带性受水平地带性的制约，决定于特定水平位置。由于海拔所联系的热量与水分条件，垂直地带性、纬度地带性与海陆分布地带性一起被称为植被分布的三大地带性规律。

◎森林的水平分布

受经、纬度位置的影响所形成的森林分布格局，称为森林的水平分布。森林分布格局中森林类型从低纬度向高纬度或沿经度方向从东到西有规律的分布，称为森林分布的水平地带性，包括纬度地带性和海陆分布地带性。

世界森林分布的水平地带性

世界范围内森林分布的水平地带性非常明显。以赤道为中心，向南向北依次分布着热带雨林、热带季雨林、热带稀树草原、硬叶常绿林等。

水平地带性中有的时候是纬度地带性更明显，有的时候则是经度地带性更加突出。比如在非洲大陆上，纬度地带性尤为明显；北美洲中部地区，东面濒临大西洋，西面是太平洋，自大西洋沿岸向西，依次出现常绿阔叶林带、落叶阔叶林带、草原带、荒漠带，抵达太平洋沿岸时又出现森林带，明显地表现出经度地带性。

拓展阅读

热带雨林

热带雨林是地球上一种常见于北纬10度到南纬10度之间热带地区的生物群系，主要分布于东南亚、澳大利亚、南美洲亚马孙河流域、非洲刚果河流域、中美洲、墨西哥和众多太平洋岛屿。热带雨林地区长年气候炎热，雨水充足，正常年降雨量为1750毫米至2000毫米，全年每月平均气温超过18℃，季节差异极不明显，生物群落演替速度极快，是地球上过半数动物、植物物种的栖息居所。由于现在有超过四分之一的现代药物是由热带雨林植物所提炼，所以热带雨林也被称为“世界上最大的药房”。

我国森林分布的水平地带性

我国地域辽阔，南起南沙群岛，北至黑龙江，跨纬度49°，森林分布大部分在18°N～53°N，东西横跨经度62°。气候方面，自北向南形成寒温带、温带、亚热带和热带等多个气候带；东部受东南海洋季风气候的影响，夏季高温多雨，西北部远离海洋，属典型的内陆性气候。

与此相应，我国森林水平分布具有两个特点。其一，自东南向西北，森林覆盖率逐渐降低，依次出现森林带、草原带和荒漠带，表现出一定的海陆分布地带性。我国东部地区森林覆盖率为34.27%，中部地区为27.12%，西部地区只有12.54%，而占国土面积32.19%的西北省区森林覆盖率只有5.86%。其二，从最南部的热带到最北部的寒温带，随着地理纬度的变化，森林植被可划分成热带雨林和季雨林带、南部亚热带季风常绿阔叶林带、中部亚热带常绿阔叶林带、北部亚热带落叶阔叶林带、暖温带落叶阔叶林带、温带针叶落叶阔叶林带和寒温带针叶林带，表现出非常明显的纬度地带性。

根据水平分布，我国可以划分为8个植被区域，集中体现了森林分布明

显的水平地带性规律：

寒温带针叶林区域。该林区位于大兴安岭北部山区，是我国最北的林区，一般海拔 300～1100 米，地形以丘陵山地为主。本区年均温 0℃以下，冬季长达 8 个月之久，生长期只有 90～110 天，土壤为棕色森林土。本区以落叶松为主，林下草本灌木不发达。

温带针阔叶混交林区域。该区域包括东北松嫩平原以东、松辽平原以北的广大山地，南端以丹东为界，北端以小兴安岭为界。全区域形成一个“新月形”，主要山脉有小兴安岭、完达山、张广才岭、老爷岭和长白山，海拔大多数不超过 1300 米，土壤为暗棕壤。本区受日本海影响，具有海洋性温带季风气候特征，冬季 5 个月以上，年均温较低，典型植被为以红松为主的针阔叶混交林。除此以外，在凹谷和高山也有云杉和冷杉等的分布。

暖温带落叶阔叶林区域。北与温带针阔叶混交林接壤，南以秦岭、淮河为界，东为辽东、胶东半岛，中为华北和淮北平原。整个地区地势平坦，海拔在 500 米以下，本区主要群种有栎、杨、柳、榆等，但主要是次生林，原始林几乎不存在了。本区气候温暖，夏季炎热多雨，冬季严寒干燥。黄河流域是中华民族的发源地，经数代的破坏和垦殖，林木多为栽培植物。

亚热带常绿阔叶林区域。北起秦岭、淮河，南达北回归线，本区包括我国华中、华南和长江流域的大部分地区，气候温暖湿润，土壤为红壤和黄壤。常绿阔叶林是本区具有代表性的类型，樟科、山茶科等的树种为优势成分，次生树种有马尾松、云南松和思茅松等，栽培树种有杉木等，本区也是我国重要的木材生产基地和珍稀树种集中的分布区。

趣味点击　完达山

完达山位于黑龙江省东部，属长白山山脉北延，是黑龙江省东部主要山地之一。主脉呈西南—东北走向，逶迤于挠力河与穆棱河之间，南部为虎林与宝清两县市分水岭，北部在饶河县境内。北抵挠力河，西南接那丹哈达岭，绵延 400 千米，面积 1.2 万平方千米，海拔 500～800 米，主峰神顶山在虎林市与宝清县交界处，海拔 831 米。

知识小链接

淮　河

淮河，中国长江和黄河之间的大河。洪泽湖以下为淮河下游，水分三路下泄。主流通过三河闸，出三河，经宝应湖、高邮湖在三江营入长江，是为入江水道，至此全长约1000千米，流域面积187000平方千米；另一路在洪泽湖东岸出高良涧闸，经苏北灌溉总渠在扁担港入黄海；第三路在洪泽湖东北岸出二河闸，经淮沭河北上连云港市，经临洪口注入海州湾。

热带季雨林、雨林区域。我国最南端的植被区，该区湿热多雨，没有真正的冬季，年降雨量大，土壤为砖红壤。热带雨林没有明显的优势树种，特有种类繁多，种类成分多样，结构复杂。

温带草原区域。本区包括松辽平原、内蒙古高原、黄土高原、阿尔泰山山区等，植被类型以针茅属植物为主，气候特点是干旱、少雨、多风、冬季寒冷。

温带荒漠区域。包括新疆的准噶尔盆地、塔里木盆地，青海的柴达木盆地，甘肃与宁夏北部的阿拉善高原等。本区气候极端干燥，冷热变化剧烈，风大沙多，年降水量低于200毫米。本区特点是高山与盆地相间，只能生长极端旱生的小乔木、骆驼刺、苔草、沙蒿、沙拐枣等。

青藏高原高寒植被区域。我国西南海拔最高的地区，气候寒冷干燥，多为灌丛草甸、草原和荒漠植被。

◎森林的垂直分布

既定经纬度位置上，海拔的变化将导致气候条件的垂直梯度变化，植被分布也因此而产生相应的改变。独立地看，在地球上任何一座相对高差达一定水平的山体上，随着海拔升高，都会出现植被带的变化，体现出植被分布垂直地带性规律。垂直地带性是从属于纬度地带性和经度地带性的，三者一起统称为三大地带性。

森林垂直带谱的基带植被是与该山体所在地区的水平地带性植被相一致

的。例如，某一高山位于亚热带平原地区，则森林垂直分布的基带就只能是亚热带常绿阔叶林，而不可能是热带雨林。

山体随海拔升高出现的垂直森林带谱与水平方向上随纬度增高出现的带谱一致。以我国东北地区的长白山为例，随着海拔升高，依次出现以下森林类型：250～500米落叶阔叶林带（杨、桦、杂木等）；500～1100米针阔叶混交林带（红松、椴树等）；1100～1800米亚高山针叶林带（云杉、冷杉等）；1800～2100米山地矮曲林（岳桦林）；2100米以上高山灌丛（牛皮杜鹃）；再往上为天池。

从长白山往北，随纬度增高，森林类型也出现类似的带状更替。

在同一纬度带上，经度位置对植被的垂直分布也有着重要的影响。比如天山与长白山同处于42°N左右，但由于天山所处经度位置为86°E，长白山处于128°E，两者的垂直带谱有着明显的区别。长白山由于距离大海较近，植被基带较复杂；天山处于内陆，为荒漠植被区，其植被的垂直分布带谱为：500～1000米荒漠植被；1000～1700米山地荒漠草原和山地草原；1700～2700米山地针叶林（云杉、冷杉）带；2700～3000米亚高山草甸；3000～3800米高山草甸垫状植物带。

比较了天山与长白山植被类型的垂直带谱，可以清楚地看出，天山与长白山不仅在植被垂直带谱组成上有所不同，而且相似的垂直带所处的高度也有所升高，比如云、冷杉林带在长白山处于海拔1100～1800米，在天山则处于1700～2700米的范围内。形成这种差异的原因主要在于天山与长白山所处经度位置不同。在我国同一纬度带上，自东向西，随着经度的递减，大陆性气候增

长白山

长白山，位于吉林省延边州安图县和白山市抚松县境内，是中朝两国的界山、中华十大名山之一、国家著名风景区、关东第一山。长白山是中国东北境内海拔最高、喷口最大的火山体。因其主峰多白色浮石与积雪而得名，素有“千年积雪万年松，直上人间第一峰”的美誉。长白山在中国境内的白云峰海拔2691米，是东北第一高峰，而长白山最高峰是位于朝鲜境内的将军峰。长白山还有一个美好的寓意——“长相守，到白头”。

强，必然导致植被发生相应的变化。但是在西部地区，随着海拔的升高，气温下降，水分增加，大陆性干旱逐渐消失，因而在天山的上部出现了与长白山相似的海洋性植被带，只不过其出现的海拔相应有所提高。

天山雪岭云杉林

但是在我国的西南部，经度位置对海拔地带性的影响正好相反。由于受到横断山脉的影响，我国西南部地区，自东向西雨量剧减，相似的垂直植被带所处海拔在西部山体反而较低。

总之，随着海拔的升高，从基带往上一般表现出植被类型更简单的特征。一般情况下，水、热条件正常分布，自山下至山上或者自低纬度到高纬度，气候条件方面有相似之处，因此，在水平地带和垂直地带上相应出现了在外貌上基本相似的植被类型。在森林的水平地带性和垂直地带性这对关系中，水平地带性是基础，垂直地带性基本上是重复水平地带出现的植被类型。

世界森林分布

通过前面的介绍，我们已经知道了各种森林植被类型，如温带地区的落叶林、寒带地区的针叶林和热带地区的雨林等。显而易见，森林植被分布与地理环境条件密切相关，尤其是气候和地貌在全球范围内的分异极其深刻地影响着森林植被的类型及其分布。气候资源中又以水分因子和温度因子与植被分布的关系最为密切。

气候特征决定了区域植被类型的基本特征。因此，与全球气候分布格局相对应，地球表面不同的区域分布着具有不同特征的植被类型。

拓展阅读

大洋洲

大洋洲位于太平洋西南部和南部的赤道南北广大海域中。在亚洲和南极洲之间，西邻印度洋，东临太平洋，并与南北美洲遥遥相对，其陆地总面积约897万平方千米。大洋洲成为亚非之间与南、北美洲之间船舶、飞机往来所需淡水、燃料和食物的供应站，又是海底电缆的交会处，在交通和战略上具有重要地位。

根据联合国粮食和农业组织报道，2000年世界森林面积为38.69×10^8公顷。其中，欧洲（包括俄罗斯）的森林面积最大，为10.39×10^8公顷，占世界森林面积的27%，居世界首位；第二位是南美洲，森林面积为8.86×10^8公顷，占23%；第三位是非洲，森林面积为6.50×10^8公顷，占17%；北美洲和中美洲居第四位，森林面积为5.49×10^8公顷，占14%；亚洲森林面积稍小于北美洲和中美洲，为5.48×10^8公顷，占14%，居世界第五位；第六位是大洋洲，森林面积为1.98×10^8公顷，占5%。就森林覆盖率而言，从高到低依次为南美洲、欧洲、北美洲和中美洲、大洋洲、亚洲，森林覆盖率分别为51%、46%、26%、23%、22%和18%。

从生态地区分布来看，热带地区森林面积最大，为18.18×10^8公顷，占世界森林总面积的47%；寒温带针叶林面积为12.77×10^8公顷，占33%；温带森林面积为4.26×10^8公顷，占11%；亚热带森林面积最小，为3.48×10^8公顷，仅为全球森林总面积的9%。

下面将以大的气候带为单位，对热带雨林、北方针叶林、落叶阔叶林及常绿阔叶林等地球上主要的森林类型及它们的分布情况进行介绍。

◎热带雨林

热带雨林在赤道地区有广泛的分布，集中的分布区域包括美洲热带雨林区、印度－马来雨林区和非洲热带雨林区。

热带雨林分布区的气候具有两个非常明显的特征，一是高温，另一个是高湿。这种气候条件下，植被最明显的特点是物种多样性高，层次复杂，生物量大。科特迪瓦有树种600多种，马来西亚树种超过2000种，亚马孙热带雨林地区树木平均密度为423株/公顷，分属于87个种。

热带雨林是常绿的，具湿生特性，树木至少有30米高。木本和草本的附生植物都多，通常主要是由较少或无芽体保护的常绿树组成，无寒冷亦无干旱干扰，真正常绿。个别植物仅短期无叶，但非同时无叶，大多数种类的叶子具有滴水尖。

典型的热带雨林主要限于赤道气候带，其范围大致是在赤道两侧10°范围内，但是，热带多雨气候并不能围着赤道形成一个连续的带，而在某些部位被截断了，因而，热带雨林也就不能围着赤道形成一个连续分布带。但在某些地区则又超出了赤道多雨气候带的范围。在几内亚、印度、东南亚等具有潮湿季风的区域，只在夏天显示出一个发展特别好的雨量高峰，并有一个短暂的干燥期或是干旱期，但植被依然由雨林组成，尽管落叶和开花明显地与这个特殊季节有关。这类热带雨林可称为季节性雨林。同时，东南信风是潮湿的，它使巴西东部、

赤道气候带

赤道气候带出现在赤道无风带的范围内，包括南美洲亚马孙河流域、非洲刚果河流域、几内亚沿海、马来西亚、印度尼西亚和巴布亚新几内亚等地。太阳每年有两次越过赤道，湿度在春、秋分以后有两个极大值，冬、夏季则为两个较凉季节，太阳徘徊于赤道附近，使赤道气候终年高温，年平均气温25℃～30℃，年较差极小，平均不到5℃，日较差相对比较大，平均达10℃，远大于年较差。赤道地区最高温度很少达到35℃，但因终年高温，终年闷热，只有短暂的海风，才能使闷热稍减，风息之后，又闷热异常。

西双版纳热带雨林

马达加斯加东部、澳大利亚东北部，从赤道到南纬20°，甚至超出这个范围，形成雨林气候并分布着热带雨林。热带雨林分布在赤道及其两侧的湿润区域，是目前地球上面积最大、对维持人类生存环境起作用最大的森林生态系统。据美国生态学家估算，热带雨林面积近1700×10^4公顷，约占地球上现存森林面积的一半。它主要分布在三个区域：一是南美洲的亚马孙盆地，二是非洲的刚果盆地，三是东南亚一些岛屿，往北可伸入我国西双版纳与海南岛南部。世界上的热带雨林分成三大群系类型，即印度－马来雨林群系、非洲雨林群系和美洲雨林群系。

知识小链接

刚果盆地

非洲最大盆地，也是世界上最大的盆地。它位于非洲中西部，并呈方形，赤道横贯中部。面积约337万平方千米。位于下几内亚高原、南非高原、东非高原及阿赞德高原之间，大部分在刚果（金）境内。

热带雨林区终年高温多雨，年平均气温为25℃～30℃，年温差小，平均为1℃～6℃，月平均温度多高于20℃，日温差和日湿差比月温差和月湿差大得多；年降水量高，平均为2000～4000毫米，全年均匀分布，无明显旱季。

热带雨林的典型土壤是赤道棕色黏土（铁铝土热带红壤），土壤营养成分贫瘠，腐殖质含量往往很低，并只局限于上层，缺乏盐基也缺乏植物养料，土壤呈酸性，pH值为4.5～5.5。森林所需要的全部营养成分几乎贮备在地上植物中，每年都有一部分植物死去，并很快矿物质化，所释放的营养元素直接被根系再次吸收，形成一个几乎封闭的循环系统。

热带雨林最重要的一个特征就是具有异常丰富的植物种类，区系植物的多种多样性，以及它在显花植物种类上的繁多。植物种类繁多的原因主要是这里具有适于植物种迅速发展的条件，特别是四季都适合植物生长和繁殖的气候。据统计，组成热带雨林的高等植物在45000种以上，而且绝大部分是木本的。如马来半岛一地就有乔木9000种。除乔木外，热带雨林中还富有藤本植物和附生植物。

热带雨林中，每个种均占据自己的生态位置，植物对群落环境的适应，达到极其完善的程度，每一个种的存在，几乎都以其他种的存在为前提。乔木一般可分为三层：第一层高30～40米以上，树冠宽广，有时呈伞形，往往不连接；第二层为20～30米，树冠长与宽相等；第三层为10～20米，树冠锥形而尖，生长极其茂密。再往下为幼树及灌木层，最后为稀疏的草本层，地面裸露或有薄层落叶。此外，藤本植物和附生植物发达，成为热带雨林的重要特色。还有一类植物开始附生在乔木上，以后生出的气根下垂入土，并能独立生活，常杀死借以支持的乔木，所以被称为“绞杀植物”，这也是热带雨林中所特有的现象。

在热带雨林中有真菌与根共生成真菌菌根，能够消化有机物质并且从土壤中吸收营养物质输送到根系中。热带雨林生态系统中菌根在物质循环中发挥了积极作用，这一状况表明热带雨林生态系统中是依靠了菌根中真菌直接把营养物质送入植物体内，而不是依靠矿物质土壤。

热带雨林中的乔木，往往具有下述特殊构造：①板状根：第一层乔木最发达，第二层次之。每一层树干具有1～10条，一般3～5条，高度可

趣味点击　气根

暴露于空气中的根，尤指一种生长在附生植物和与土壤不接触的攀缘植物上的根，但通常有将植物固定于支持物上并常常有光合作用的功能。热带雨林雨量多、气温高、空气湿热，气根有呼吸功能，并能吸收空气里的水分。

绞杀植物

达9米。②裸芽。③乔木的叶子在大小、形状上非常一致，全缘，革质，中等大小，幼叶多下垂，具红、紫、白、青等各种颜色。④茎花：由短枝上的腋芽或叶腋的潜伏芽形成，且多一年四季开花。老茎生花也是雨林中特有的现象。⑤多昆虫或鸟类传粉。

组成热带雨林的每一个植物种都终年进行着生长活动，有其生命活动节律。乔木叶子平均寿命13～14个月，零星凋落，零星添新叶。多四季开花，但每个种都有一个较明显的盛花期。

在热带雨林中，高位芽植物在数量上显然是占有绝对优势，而在温带森林和草原中占有优势的地面芽植物在热带雨林中则几乎不存在，一年生植物除偶见于开垦地和路旁外也是几乎不存在的，附生植物却有较高的比例。热带雨林的植物生长特点，显然是密切地反映了非季节性的持续而有利的气候。而由于常绿树冠层所造成的终年荫蔽，加上根系的激烈竞争，反映出地面植物的贫乏，但经常湿润的大气和高温，可以促进主要是草质的附生植物的发展。

热带雨林群落结构复杂，形成多样的小气候、小生长环境，这为动物提供了有利的栖息地和活动场所。动物的成层性也最为明显，生物学家认为在热带雨林中存在着6个不同性质的动物层次。它们是：①树冠层以上空间，由蝙蝠和鸟类为主组成的食虫和食肉动物群。②1～3层林冠中，各种鸟类、食果蝙蝠类、以植物为食的哺乳类以及食虫动物和杂食动物。③林冠下，以树干组成的中间带，主要是飞行动物鸟类及食虫蝙蝠。④树干上，以树干附生植物为食的昆虫和以其他动物为食的攀缘动物。⑤大型的地面哺乳动物。⑥小型的地面动物。

热带雨林中生物资源极为丰富，如三叶橡胶是世界上最重要的橡胶植物，可可、金鸡纳等是非常珍贵的经济植物，还有众多物种的经济价值有待开发。热带雨林植被开垦后可种植巴西橡胶、油棕、咖啡、剑麻等热带作物。但应注意的是，在高温多雨条件下有机物质分解快，物质循环强烈，这样一旦植被被破坏后，很容易引起水土流失，导致环境退化，而且在短时间内不易恢复。因此，热带雨林的保护是当前全世界关心的重大问题。它对全球的生态效益都有重大影响，例如对大气中氧气和二氧化碳平衡的维持具有重大意义。

剑　麻

剑麻是一种常见的龙舌兰属植物。它是多年生叶纤维作物，也是当今世界上用量最大，范围最广的一种硬质纤维。剑麻可广泛应用于渔航、工矿、运输等所需的各种规格绳索，同时还有重要的药用价值。

◎季雨林

季雨林是分布在热带周期性干湿季节交替地区的森林类型，是热带季风气候区的一种稳定的植被类型。与雨林分布区相比，气候特点为旱季明显，降雨量少和温差大，通常年平均温度25℃左右，年降雨量800～1500毫米。

季雨林分布在东南亚、南美洲和非洲。季雨林的特征是在旱季部分或全部落叶，具有比较明显的季节变化，其种类成分、结构和高度均不及雨林发达。林内藤本和附生植物数量大为减少。季雨林多为混交林，组成树种有柚木、木荚豆、龙脑香、紫薇、青皮、华坡垒、荔枝、尖叶白颜树、鸭脚木、厚皮树、鸡占、木棉、擎天树、蚬木、黄檀、紫檀、娑罗双等。

季雨林

◎北方针叶林

北方针叶林

北方森林主要分布于北纬45°～57°，覆盖了地球表面11%的陆地面积，构成了地球表面针叶林的主体。此外针叶林还分布在南美洲、非洲及亚洲部分高山地区。北方森林分布区内的气候特点是冬季寒冷，漫长；一年中温度超过10℃以上的时间仅1～4个月，最暖月平均气温10℃～20℃；年降雨量约300～600毫米，蒸发量也很小；大陆性气候明显。

北方针叶林生长在冰碛起源的薄层灰化淋溶土上，物种单一。在欧洲，从西到东，优势树种分别是苏格兰松和云杉；在西伯利亚地区是云杉、冷杉和各种落叶松；在北美组成地带性植被的是各种松类，在阿拉斯加为云杉。北方森林内灌木和草本植物都很少，常常形成纯林与沼泽镶嵌分布，其中云杉冷杉林称为暗针叶林，因为它们常绿且较耐阴，终年林内光照不足，林分郁闭度高；落叶松林称为明亮针叶林，落叶松冬天落叶，林下光照增强。

趣味点击 猞猁

猞猁属于猫科，体型似猫而远大于猫，生活在森林灌丛地带，密林及山岩上较常见。喜独居，长于攀爬及游泳，耐饥性强，可在一处静卧几日，不畏严寒，喜欢捕杀狍子等中大型兽类。它产于我国东北、西北、华北及西南，属于国家二级保护动物。

北方森林树木干形良好，树干通直，易于采伐加工，是世界上最重要的木材生产基地。但是北方森林系统内物质循环速度慢，死地被物层厚，分解周期长，因而生产力很低，一般情况下，只相当于温带森林的一半。

北方针叶林的动物有驼鹿、马鹿、驯鹿、黑貂、猞猁、雪兔、松鼠、鼯鼠、松鸡、榛鸡等及大量的土壤动物（以小型节肢动物为主）和昆虫，后者常对针叶林造成极大的危害。这些动物活动的季节性明显，有的种类冬季南迁，多数冬季休眠或休眠与贮食相结合。

◎ 落叶阔叶林

落叶阔叶林又称夏绿阔叶林或温性落叶阔叶林，是温带湿润半湿润气候下的地带性植被类型之一。它分布于北纬 30° ~ 50° 的温带地区，即北美大西洋沿岸、西欧和中欧海洋性气候的温暖区域和亚洲的东部。落叶阔叶林多以混交林形式存在，亦可称温带混交林。

落叶阔叶林是温带、暖温带地区海洋性气候条件下的地带性森林类型，由于分布区内冬季寒冷而干旱，树木为适应这一时期严酷的生存环境，叶片脱落，又由于林内树木夏季葱绿，所以又称为夏绿阔叶林。

世界上落叶阔叶林主要分布在西欧的温暖区域，向东可以沿纬线延伸到俄罗斯的欧洲部分。在北美洲，主要分布在北纬 45° 以南的大西洋沿岸各州；南美洲分布在巴塔哥尼亚高原。欧洲由于受墨西哥暖流的影响，西北可分布到北纬 58°，从伊比利亚半岛北部，沿大西洋海岸，经英伦三岛和欧洲西部，直达斯堪的纳维亚半岛的南部，东部的西伯利亚北方森林与草原之间也有一条狭长的分布地带。此外，克里米亚、高加索等地也有分布。亚洲分布在东部，中国，俄罗斯远东地区，朝鲜半岛和日本北部诸岛。我国的落叶阔叶林主要分布在东北地区的南部、华北各省（自治区），其中包括辽宁南部、内蒙古东南部、河北、山西恒山至兴县一带以南、山东、陕西黄土高原南部、渭河平原及秦岭北坡、甘肃的徽县和成县、河南的

落叶阔叶林

伏牛山和淮河以北、安徽和江苏的淮北平原等。

落叶阔叶林几乎完全分布在北半球的温暖地区，受海洋性气候影响，与同纬度的内陆相比，夏季较凉爽，冬季则较温暖。一年中，至少有四个月的气温达10℃以上，最冷月平均气温为－6℃，最热月平均气温13℃～23℃，年平均降水量500～700毫米。在我国，落叶阔叶林主要分布在中纬度和东亚海洋季风边缘地区，分布区内气候四季分明，夏季炎热多雨，冬季干燥寒冷，年平均气温8℃～14℃，年积温3200℃～4500℃，由北向南递增。全年无霜期180～240天。除沿海一带外，冬季通常比同纬度的西欧、北美的落叶阔叶林区寒冷，而夏季则较炎热。最冷月平均气温多在0℃以下（－22℃～－3℃），最热月平均气温为24℃～28℃，除少数山岭外，年平均降水量500～1000毫米，且季节分配极不均匀，多集中在夏季，占全年降水量的60%～70%，冬季仅为年降水量的3%～7%。

森林植被

落叶阔叶林下的土壤为褐土与棕色土，较肥沃。褐土主要分布在暖温带湿润、半湿润气候的山地和丘陵地区的松栎林下，具有温性土壤温度状况，成土过程主要为黏化过程和碳酸盐淋溶淀积过程，表层为褐色腐殖质层，往下逐渐变浅；黏化层呈红褐色，核状或块状结构，假菌丝体，下有碳酸钙淀积层，土壤呈中性或微碱性，pH值≥7。棕色土又称棕壤，主要分布在暖温带湿润地区。与褐土一样具有温性土壤温度状况，质地黏重，表层为腐殖质层，色较暗，中部为最有代表性特征的棕色黏化淀积层，质地明显黏重，呈现明显的棱块状结构，淀积层下逐渐到颜色较浅、质地较轻的母质层，土壤呈微酸性或中性，pH值5.8～7.0，在海拔1000～3000米范围内的阔叶林下广泛分布着山地棕壤，除山腰平缓地段土层较厚外，其余都较薄。

知识小链接

褐　土

褐土指半湿润暖温带地区碳酸盐弱度淋溶与聚积，有次生黏化现象的带棕色土壤，又称褐色森林土。在中国，分布于关中、晋东南、豫西以及燕山、太行山、吕梁山、秦岭等山地低丘陵、洪积扇和高阶地，水平带位于棕壤之西，垂直带则位于棕壤之下。

落叶阔叶林随着季节变化在外貌上呈现明显的季节更替。初春时，林下植物大量开花是落叶阔叶林的典型季相。在炎热的夏季，由于雨热同期，林木枝繁叶茂，处于旺盛的生长时期；在寒冷的冬季，整个群落都处于休眠状态，构成群落的乔木全部是冬季落叶的阔叶树，林下灌木也大多冬季落叶，草本植物则在冬季地上部分枯死，或以种子越冬。整个群落呈夏绿冬枯的季相。为抵挡严寒，树木的干和枝都有厚的树皮保护，芽有坚实的芽鳞。

拓展阅读

阔叶林

阔叶林，由阔叶树种组成的森林，有冬季落叶的落叶阔叶林（又称夏绿林）和四季常绿的常绿阔叶林（又称照叶林）两种类型。阔叶林的组成树种繁多，中国的经济林树种大部分是阔叶树种，它除生产木材外，还可生产木本粮油、干鲜果品、橡胶、紫胶、栲胶、生漆、五贝子、白蜡、软木、药材等产品；壳斗科许多树种的叶片还可饲养蚕。另外，蜜源阔叶树也很丰富，可以开发利用。

东亚的落叶阔叶林区包括我国的东北、华北以及朝鲜和日本的北部。落叶阔叶林的结构较其他阔叶林简单，上层林木的建群种均为喜光树种，组成单纯。优势树种为壳斗科的落叶乔木，如山毛榉属、栎属、栗属、椴属等，其次是桦木科中的桦属、鹅耳枥属和赤杨属，榆科的榆属、朴属，槭树科中的槭属，杨柳科中的杨属等。

西欧、中欧落叶阔叶林的种类组成，尤其是乔木层的种

类组成极端贫乏是欧洲落叶阔叶林的一个显著特点。欧洲落叶阔叶林的建群种主要有欧洲山毛榉、英国栎、无梗栎、心叶椴等。林中常见的伴生树种主要有蜡木、槭树、阔叶椴等。

北美洲东部的落叶阔叶林，由于有利的水热条件，该区域的森林发育良好，种类十分丰富，大致可分为糖槭林与镰刀栎林两种类型。

落叶阔叶林的结构简单而清晰，有相当显著的成层现象，可以分成乔木层、灌木层、草本层和地被层。林内几乎没有有花的附生植物，藤本植物以草质和半木质为主，攀缘能力弱，但藓类、藻类、地衣的附生植物种类很多，它们常附生于树木的皮部，尤其是树干的枝部。

獾

獾也叫狗獾、欧亚獾，是分布于欧洲和亚洲大部分地区的一种哺乳动物，属于食肉目鼬科。獾被单独列入獾属。通常獾的毛色为灰色，下腹部为黑色，脸部有黑白相间的条纹，耳端为白色。主要吃蚯蚓，但也吃昆虫和小型哺乳动物。獾的牙齿极为锋利和坚硬。

落叶阔叶林的植物资源非常丰富，林内的许多树种如麻栎、蒙古栎、栓皮栎等材质坚硬，纹理美观，可作枕木、造船、车辆、胶合板、烧炭、造纸和细木工用材。麻栎、槲树等的枝叶、树皮中含有鞣质，是提取栲胶的重要原料。许多栎类的橡籽中含有较高的淀粉，如蒙古栎含50% ~75% 的淀粉，可作饲料或酿酒，树皮中富含单宁，可作染料，幼嫩的橡叶为北方饲养蚕的主要饲料。蒙古栎、麻栎、栓皮栎等的枝干可以用来培养香菇、木耳、银耳等食用菌。各种温带水果品质很好，如苹果、梨、核桃、板栗、桃、李、杏等。我国落叶阔叶林内的植物种类多样，结构复杂，为野生动物提供了良好的栖息场所和丰富的食物来源。落叶阔叶林中的哺乳动物有鹿、獾、棕熊、野猪、狐狸、松鼠等。森林动物的种类和数量原本很多，但由于长期以来各地的落叶阔叶林受人为干扰和严重破坏，大大减少了森林动物的栖息场所，致使许多森林动物显著减少，许多兽类趋于绝迹，如梅花鹿、虎、黑熊等。与此同时，适应农田的啮齿类动物数量增多，如各种仓鼠、田鼠、鼢鼠等。

而以啮齿类为食的小型食肉类如鼬类也较多。此外，沙鼠、黄鼠、鼠兔、跳鼠、社鼠、果子狸等也常有出现。鸟类中大中型鸟有黑鹳、白鹳、丹顶鹤、白头鹤、白鹤、灰鹤、白枕鹤、雀鹰、苍鹰、鸢、游隼、红脚隼、燕隼等。我国特有的褐马鸡主要出现在山西、河北的林区中。此外，还有石鸡、鹌鹑、鹧鸪、岩鸽、山斑鸠、火斑鸠、大杜鹃、四声杜鹃、夜鹰、翠鸟、三宝鸟、各类啄木鸟等。落叶阔叶林中的两栖类、爬行类动物也较丰富，有蜥蜴、金线蛙、泽蛙、中国林蛙、斑腿树蛙、东方铃蟾、中国雨蛙、大鲵、东方蝾螈、乌龟、中华鳖、黄脊游蛇、赤链蛇、各种锦蛇等。

蒙古栎

基本小知识

丹顶鹤

丹顶鹤是鹤类的一种，因头顶有“红肉冠”而得名。它是东亚地区所特有的鸟种，因体态优雅、颜色分明，在这一地区的文化中具有吉祥、忠贞、长寿的象征，是国家一级保护动物。

落叶阔叶林是温带和暖温带植被演替的顶极群落，气候适宜时，只要排水良好，植被经过一系列的演替阶段，最终都能形成落叶阔叶林。在没有人为干扰和连续自然灾害的情况下，群落处于稳定状态，但在重复砍伐或严重破坏时，可演变成灌木林。温带的针叶林或针阔混交林砍伐后会形成各种落叶林，亚热带和热带的常绿阔叶林被破坏后，在演替的过程中，也可先形成不稳定的各种落叶阔叶林。地球上，人类出现前，落叶阔叶林曾大量分布，我国的华北平原就曾被落叶阔叶林所覆盖，但目前，由于人类的各种活动，

致使大部分落叶阔叶林都被砍伐而改作农田。

◎常绿阔叶林

常绿阔叶林是亚热带的地带性森林类型，全球常绿阔叶林分布于地球表面的中纬度地区，在北半球，其分布位置大致在北纬22°～40°。在欧亚大陆，主要分布于中国的长江流域和珠江流域一带，日本及朝鲜半岛的南部。在美洲，主要分布在美国东南部的佛罗里达、墨西哥，以及南美洲的智利、阿根廷、玻利维亚。非洲的东南沿海及西岸大西洋中的加那利和马德拉群岛也都有分布。此外，还有大洋洲澳大利亚大陆东岸的昆士兰、新南威尔士、维多利亚直到塔斯马尼亚，以及新西兰。中国的常绿阔叶林主要分布在北纬 23°～34°，且发育最为典型。西至青藏高原，东到东南沿海、台湾岛及所属的沿海诸岛，南到北回归线附近，北至秦岭—淮河一线。南北纬度相差 11°～12°，东西跨经度约 28°，总面积约 250×10^4 平方公顷。它主要包括浙江、福建、江西、湖南、贵州等省的全境及江苏、安徽、湖北、重庆、四川等省（直辖市）的大部，河南、陕西、甘肃等省的南部和云南、广西、广东、台湾等省（自治区）的北部及西藏自治区的东部，共涉及 17 个省（自治区、直辖市）。

典型的常绿阔叶林分布地区具有明显的亚热带季风气候，东临太平洋，西接印度洋，所以夏季受太平洋东南季风的控制和印度洋西南季风的影响而炎热多雨。冬季受蒙古高压的控制和西伯利亚寒流的影响，较寒冷干燥，分布区内一年四季气候分明。一年中大于等于 10℃ 的积温在 4500℃～7500℃，无霜期 210～330 天，年平均气温 14℃～22℃，最冷月平均气温 1℃～12℃，最热月平均气温 26℃～29℃，极端最低气温在 0℃以下，冬季虽有霜雪，但无严寒。年降水量 1000～1500 毫米，但分配不均匀，主要分布在 4～9 月，占全年雨量的 50% 左右，冬季降水少，但无明显

北回归线

北回归线是太阳在北半球能够直射到的离赤道最远的位置，是一条纬线，在北纬 23°26′。

常绿阔叶林

旱季。由于受夏季的海洋季风影响，雨量充沛，且水热同期，十分适合于常绿阔叶林的发育。

常绿阔叶林下的土壤在低山、丘陵区林下主要是红壤和黄壤。形成于亚热带气候条件下，原生植被为亚热带常绿阔叶林的红壤，土壤剖面具有暗或弱腐殖质表层，土壤呈酸性，pH 值4.5～5.5，林下土壤有机质可达50～60克/千克。形成于湿润亚热带气候条件下，原生植被为亚热带常绿阔叶林、热带山地湿性常绿阔叶林的黄壤，热量条件较同纬度地带的红壤略低，雾、露多，湿度大，土壤剖面具有暗或弱腐殖质表层，土壤呈酸性，pH 值4.5～5.5，通常表土比心土、底土低，林下土壤有机质可达 50～110 克/千克。青藏高原边缘林区常绿阔叶林下发育的土壤为山地黄壤，全剖面呈灰棕－黄棕色，湿度较大，团粒结构明显，土壤呈酸性，pH 值4.5～5.5，富铝化作用较红壤弱，黄壤的氧化铁以水化氧化铁占优势。在同一纬度带，随着海拔增加，土壤呈现垂直分布变化，由气候、土壤和其他环境条件组合形成的森林植被也有规律地分布更替，但其地带性植被仍然是常绿阔叶林。

常绿阔叶林内的树木全年均呈生长状态，特别是夏季更为旺盛。林冠终年常绿、暗绿色，林相整齐，树冠浑圆，林冠呈微波状起伏。整个群落的色彩比较一致，只有当上层树种的季节性换叶或开花、结实时，才出现浅绿、褐黄与暗绿

趣味点击　腐殖质

腐殖质是已死的生物体在土壤中经微生物分解而形成的有机物质。黑褐色，含有植物生长发育所需要的一些元素，能改善土壤，增加肥力。它的主要用途是帮助增加可以让空气和水进入的空隙，也同样产生植物必须的氮、硫、钾和磷。

相间的外貌。

水 杉

常绿阔叶林的种类组成相当丰富，呈多树种混生，且常有明显的建群种或共建种。由于地理和历史原因，我国亚热带地区的特有属最多，在全国198个特有属中，本区就达148属之多，许多种为我国著名的孑遗植物，如银杏、水杉、银杉、鹅掌楸、珙桐、喜树等。常绿的壳斗科植物是这一地区常绿阔叶林的主要成分，其中青冈属、栲属、石栎属常占据群落的上层，但在生长环境偏湿地区，樟科润楠属、楠木属、樟属的种类明显增多，而生长环境偏干地区，则以山茶科的木荷属、杨桐属、厚皮香属成为群落上层的共建种。此外，比较常见的还有木兰科的木莲属、含笑属，金缕梅科的马蹄荷属、半枫荷属等。

常绿阔叶林常有常绿裸子植物伴生，我国亚热带常绿阔叶林中也常有扁平枝叶的常绿裸子植物伴生，这些针叶树在生态上与常绿阔叶树很相似，具有扁平叶或扁平线形叶，有光泽，大部分针叶的叶片在小枝上呈羽状复叶状排列，且与光线垂直。如杉木属、红豆杉属、白豆杉属、三尖杉属、油杉属、银杉属、铁杉属、黄杉属、罗汉松属、榧树属、扁柏属、福建柏属等，甚至在亚热带南部才有的阔叶状的裸子植物常绿藤本也有出现。

拓展阅读

杉 木

杉木主要产于中国，长江以南广泛用之造林，长江以北也有不少地区引种栽培。此树在土层肥厚，气候温暖多雨，排水良好的山地或河堤生长迅速。

常绿阔叶林建群种和优势种的叶片以小型叶为主，椭圆形，革质，表面具有光泽，被蜡质，叶面向着太阳光，能反射光线，故又称照叶林。在林内最上层的乔木树种，枝端形成的芽常有鳞片包围，以适应寒冷的冬季，而林下的植物，由于气候条件较湿润，所以形成的芽无芽鳞。这些基本成分也是区别于其他森林植物的重要标志。

常绿阔叶林群落结构仅次于热带雨林，可以明显地分出乔木层、灌木层、草本层、地被层。发育良好的乔木层又可分为2~3个亚层。第一亚层高度为16~20米，很少超过30米，树冠多相连接，多以壳斗科的常绿树种为主，如青冈属、栲属、石栎属等，其次为樟科的润楠属、楠木属、樟属、厚壳桂属等和山茶科的木荷属等。如有第二、第三亚层存在时，则分别比上一亚层低矮，树冠多不连续，高10~15米，以樟科、杜英科等树种为主。灌木层也可分为2~3个亚层，除有乔木层的幼树之外，发育良好的灌木种类，有时也可伸入乔木的第三亚层中，比较常见的灌木为山茶科、樟科、杜鹃花科、乌饭树科的常绿种类，组成较为复杂。草本层以常绿草本植物为主，常见的有蕨类、姜科、莎草科、禾本科等植物，由于草本层较繁茂，因此地被层一般不发达。藤本植物常见的为常绿木质的小型种类，粗大和扁茎的藤本很少见。附生植物多为地衣和苔藓植物，其次为有花植物的兰科、胡椒科及附生蕨类，并有半寄生于枝桠上的桑寄生植物以及一些寄生于林下树根上的腐生物种类，少数树种具有小型板状根，老茎开花（如榕属）、滴水叶尖及叶附生苔藓植物。

银　杏

常绿阔叶林蕴藏着极为丰富的生物资源，木材中除多种硬木之外，还有红豆杉、银杏、黄杉、杉木、檫木、花榈木、青冈、栲、石栎等著名良材。其次，有马尾松、毛竹、茶树、油茶、油桐、乌桕、漆树等鞣

料资源以及柑橘、橙、柿等水果资源。动物资源中，珍稀动物较多，如大熊猫、小熊猫、金丝猴、毛冠鹿、梅花鹿南方亚种、云豹、华南虎等。鸟类资源更为丰富，有白鹇、黄腹角雉、环颈雉、红嘴相思鸟、寿带鸟、三宝鸟、白腰文鸟、画眉、竹鸡等。爬行类中有蜥蜴、眼镜蛇、眼镜王蛇、金环蛇、银环蛇及平胸龟等。真菌中可供食用的有 30 多种，如银耳、黑木耳、毛木耳、香菇、白斗菇等；药用真菌除银耳、香菇、木耳之外，还有紫芝、灵芝、云芝、红栓菌、黄多孔菌、平缘托柄菌、隐孔菌等。此外，有毒真菌也有 20 多种。

常绿阔叶林是亚热带湿润气候条件下森林植被向上演替的气候顶极群落，它与整个亚热带植被的演替规律是一致的。林内群落的生物量比较大，一般情况下，处于相对稳定状态。但在遭到人为砍伐和连续自然破坏之后，原来的森林环境条件会迅速发生变化。此时，如不再受人为干扰，喜光的先锋树种马尾松的种子会很快侵入迹地。随着时间的推移，赤杨叶、枫香、白栎、山槐等喜光的阔叶树和萌发的灌木，以及一些稍耐阴的木荷等常绿树种与马尾松一起形成针阔叶混交林，或者常绿与阔叶混交林等过渡类型，这些过渡类型会逐步演变，恢复为常绿阔叶林。另一方面，常绿阔叶林被砍伐破坏后，首先成为亚热带灌丛，进一步破坏时会成为亚热带灌草地。在雨量相对集中的情况下，极易引起水土流失，导致土层瘠薄，形成荒山草地植被，甚至变为光山秃岭，森林植被很难自然恢复，甚至有时连喜光的马尾松也难以生长，造成自然

拓展阅读

灵 芝

灵芝是多孔菌科植物赤芝或紫芝的总称。灵芝原产于亚洲东部，中国分布最广的在江西。灵芝作为拥有数千年药用历史的中国传统珍贵药材，具备很高的药用价值。经过科研机构数十年的现代药理学研究证实，灵芝对于增强人体免疫力，调节血糖，控制血压，辅助肿瘤放化疗，保肝护肝，促进睡眠等方面均具有显著疗效。

环境恶化。

◎红树林

红树林这一名词并不是指单一的分类类群植物，而是对一个景观的描述即红树林沼泽。红树林沼泽是热带、亚热带海岸淤泥浅滩上的富有特色的生态系统。红树林是热带、亚热带河口海湾潮间带的木本植物群落。以红树林为主的区域中动植物和微生物组成的一个整体，统称为红树林生态系统。它适应于特殊生态环境并表现出特有的生态习性和结构，兼具陆地生态和海洋生态特性，成为最复杂而多样的生态系统之一。红树植物是为数不多的耐受海水盐度的挺水陆地植物之一，热带海区 60% ~70% 的岸滩有红树林成片或星散分布。

红树林在地球上分布的状况，大致可分为两个分布中心或两个类群：一是分布于亚洲、大洋洲和非洲东部的东方类群；一是分布于美洲、西印度群岛和西非海岸的西方类群。这两个群落在群落外貌和生态关系上大体是类似的，不过东方类群的种类组成丰富，而西方类群的种类则极为贫乏。西方类群所拥有的各个属在东方类群中都可以找到它的不同种类代表，而东方类群所拥有的许多属在西方类群中却找不到相应的代表。尽管两大类群具有一些相同的属，但却很少共同拥有某些种类，唯独太平洋的斐济岛和汤加岛的红树属同时拥有东方类群的红茄苳和西方类群的美洲红树。1997 年，全球红树林面积约为 1810.77×10^4 公顷，其中东南亚国家为 751.73×10^4 公顷，占世界红树林面积的 41.5% 。据统计，2003 年全世界共有红树植物 16 科 24 属 84 种（含 12 变种），其中真红树为 11 科 16 属 70 种（含 12 变种），半红树为 5 科 8 属 14 种。东方类群有 14 科 18 属 74 种（含

红树林

红树林指生长在热带、亚热带河口海湾潮间带上部，受周期性潮水浸淹，以红树植物为主体的常绿灌木或乔木组成的潮滩湿地木本生物群落。组成的物种包括草本、藤本红树。它生长于陆地与海洋交界带的滩涂浅滩，是陆地向海洋过渡的特殊生态系统。

红树林

12 变种)，西方类群有 5 科 6 属 10 种。我国的红树林分布于海南、广东、广西、福建和台湾等省（自治区)，有 12 科 15 属 26 种（含 1 变种)，除红树科植物外，还有紫金牛科、爵床科、楝科、大戟科等的一些植物。

红树林生长适合的温度条件：最冷月平均气温高于 20℃，且季节温差不超过 5℃的热带型温度。红树林分布中心地区海水温度的年平均值为24℃ ~27℃，气温则在 20℃ ~30℃内。以我国红树林为例，红树林的分布与气候因子的关系极为密切，特别是受温度（包括气温和水温）的影响更大。一般要求气温的年平均值在 21℃ ~25℃，最冷月平均气温 12℃ ~21℃，海水表面温度需在 21℃ ~25℃，年降水量 1400 ~2000 毫米。

红树林适合生长在细质的冲积土上。在冲积平原和三角洲地带，土壤（冲积层）由粉粒和黏粒组成，且含有大量的有机质，适合红树林生长。红树林是一种土壤顶极群落。它的分布局限于咸水的潮汐地区，土壤为典型的海滨盐土，土壤含盐量较高，通常为 0. 46% ~2. 78%，pH 值为 4 ~8，很少有 pH 值为 3 以下或 pH 值为 8 以上的。

红树林的生长环境是滨海盐生沼泽湿地，并因潮汐更迭形成的森林环境，不同于陆地森林生态系统。它主要分布于隐蔽海岸，此类海岸多因风浪较微弱、水体运动缓慢而多淤泥沉积。因此，红树林与珊瑚礁一样都是“陆地建造者”，但又和珊瑚礁不一样，红树林更向亚热带扩展。红树林生长与地质条件也有关系，因为地质条件可能影响滩涂底质。如果河口海岸是花岗岩或玄武岩，其风化产物比较细黏，河口淤泥沉积，适于红树林生长。如果是砂岩或石灰岩的地层，在河流出口的地方就形成沙滩，大多数地区就没有红树林生长。

含盐分的水对红树植物生长是十分重要的，红树植物具有耐盐特性，在一定盐度的海水中才能成为优势种。虽然有些种类如桐花树、白骨壤既可以在海水中生长，也可以在淡水中生长，但在海水中生长较好。另一个重要条件是潮汐，没有潮间带的每日有间隔的涨潮退潮的变化，红树植物是生长不好的。长期淹水，红树会很快死亡；长期干旱，红树将生长不良。

广角镜

珊瑚礁

珊瑚礁是石珊瑚目的动物形成的一种结构。这个结构可以大到影响其周围环境的物理和生态条件。在深海和浅海中均有珊瑚礁存在。它们是成千上万的由碳酸钙组成的珊瑚虫的骨骼在数百年至数千年的生长过程中形成的。珊瑚礁为许多动植物提供了生活环境，其中包括蠕虫、软体动物、海绵、棘皮动物和甲壳动物。此外珊瑚礁还是大洋带的鱼类的幼鱼生长地。

红树植物主要建群种类为红树科的木榄、海莲、红海榄、红树和秋茄等。其次有海桑科的海桑、杯萼海桑，马鞭草科的白骨壤，紫金牛科的桐花树等。其中红树科的红树、木榄、秋茄、角果木等属的植物，常构成混合群落或单优群落。海榄雌科的海榄雌(或归入马鞭草科)，紫金牛科的桐花树，海桑科的海桑等也是红树林中的优势植物或构成单优群落。它们都属于真红树植物而只分布于典型的红树林生长环境。半红树植物如棕榈科的水椰，大戟科的海漆，卤蕨科的卤蕨等，它们虽然是红树植物，通常也可构成单优的红树群落，并广布于红树林生长环境，但它们多处于红树林生态序列的最内缘，并不具有真红树植物所具备的那些生理生态的专化适应特征，或这些特征极不明显。因此，它们不是真红树植物，它

红海榄

们所构成的群落通常为半红树林。红树林的植物可组成八个主要群系，即红树群系、木榄群系、海莲群系、红海榄群系、角果木群系、秋茄群系、海桑群系和水椰群系。

红树多生长于静风和弱潮的溺谷湾、河口湾或泻湖的滨海环境，海水浸渍和含盐的土壤特性直接影响红树植被的生态和生理特性。

趣味点击　木　榄

木榄为常绿乔木。具有膝状呼吸根及支柱根。树皮灰色至黑色，内部紫红色。叶对生，具有长柄，革质，长椭圆形，先端尖。单花腋生；萼筒紫红色，钟形，常作8～12深裂，花瓣与花萼裂片同数，雄蕊约20枚。具有胎生现象，胚轴红色，繁殖体圆锥形。

红树植物很少有深扎和持久的直根，而是适应潮间带淤泥、缺氧以及抗风浪，形成各种适应的根系，常见的有表面根、板状根或支柱根、气生根、呼吸根等。表面根是蔓布于地表的网状根系，可以相当长时间暴露于大气中，获得充足的氧气，如桐花树、海漆等有表面根。板状根或支柱根是茎基板状根或树干伸出的拱形根系，能增强植株机械支持作用，如秋茄、银叶树等有板状根，红海榄等有支柱根。气生根是从树干或树冠下部分支产生的，常见于红树属和白骨壤属的种类，悬吊于枝下而不抵达地面，因而区别于支柱根。呼吸根是红树植物从根系中分生出向上伸出地表的根系，富有气道，是适应缺氧环境的通气根系，常见有白骨壤的指状呼吸根，木榄的膝状呼吸根，海桑的笋状呼吸根等。

海桑的笋状呼吸根

胎生或胎萌是红树植物的另一突出的现象，尤其是红树科植物，它们的种子成熟后，不经过休眠期，在还没有离开母树和果实时，就已开始萌发长出绿色杆状的胚轴，胚轴坠入海水和淤泥中，可在退潮的几小时内发根并固定下来，而不会被海水所冲走。胎生现象是幼苗应对淤泥环境能及时扎根生长以及从胚胎时就逐渐增加细胞盐分浓度的适应。

知识小链接

胚 轴

胚轴是种子植物胚的组成部分之一，为子叶着生点与胚根之间的轴体。种子萌发后，由子叶到第1片真叶之间的部分，称为上胚轴；子叶与根之间的一部分，称为下胚轴。胚轴发育为连接茎和根的部分。

生活在红树林里的哺乳动物的种类和数量均极少，分布较为广泛的是水獭。在南美洲分布有食蟹浣熊，非洲则有白喉须猴，东南亚则有吃树叶的各种猴子，大洋洲则有一群群的狐蝠。红树林中占优势的海洋动物是软体动物，还有多毛类、甲壳类和一些特殊鱼类等。红树林中还有大量的大型蟹类和虾类生活着，这些动物在软基质上挖掘洞穴，它们包括常见的招潮蟹、相手蟹和大眼蟹等。这些蟹对红树林群落也有贡献，它们的洞穴使氧气可以深深地进入土壤底层，从而改善了那里的缺氧状况。而一些动物尸体的腐烂分解和排泄物，也增强了土壤的肥力，有利于红树林的生长。红树林区也是对虾和鲻类等水产类育苗场。这些鱼虾在它们游向大海以前都在这里度过。还有藤壶，它们重叠附生造成红树林树干、树枝和叶片的呼吸作用和光合作用不良，致使红树植物生长不良和死亡。

此外，红树林区作为滨海

拓展阅读

肥 力

土壤肥力是一种天然的能力，并非施了化肥才具有的肥力。它是指能同时并不断地供应和调节植物在生长过程中所需的水分、养分、空气和热量的能力。土壤具有肥力，能够生长植物，这是土壤的本质属性，也是土壤与其他地理要素的一个根本区别。

美丽的红树林

盐生湿地，也是鸟类的重要分布区。我国红树林鸟类达 17 目 39 科 201 种。其中留鸟和夏候鸟等繁殖鸟类达 83 种，占总鸟类的 41%；旅鸟和冬候鸟达 118 种，占 59%。

红树林具有多方面的环境保护意义和利用价值，其中最显著的有：①抵抗海浪和洪水的冲击，保护海岸。②过滤径流和内陆带的有机物和污染物，净化海洋环境。③是海岸潮间带生态系统的主要生产者，为海洋动物提供良好的栖息和觅食环境。④是自然界赋予人类珍贵的种质资源，是科学工作者研究植物耐盐抗性，改良盐碱地的良好材料。⑤构成奇特的海滨景观，具有其他旅游商品不可替代的旅游价值。因此，红树林的保护、研究和开发利用是人类可持续发展的重要内容之一。

我国森林分布

就世界范围而言，我国森林的面积并不大。但是我国的森林群落类型却十分丰富，基本上囊括了世界上所有的森林群落类型。我国森林分布不均，集中分布于东部和西南部地区，东部地区森林覆盖率为 34. 27%，中部地区为 27. 12%，西部地区只有 12. 54%，而占国土面积 32. 19% 的西北省区森林覆盖率只有 5. 86%。

由于我国从南到北地跨热带、亚热带、暖温带、温带和寒温带五个主要气候带，相应形成了热带季雨林带、亚热带常绿阔叶林带、暖温带落叶阔叶林带、温带针叶阔叶混交林带以及寒温带针叶林带等多种主要的森林地带。同时，由于受复杂的地形地貌的影响，各森林地带内常可见各种不同的森林类型。

针叶林

针叶林是指以针叶树为建群种所组成的各种森林群落的总称。它包括各种针叶纯林、针叶树种的混交林以及针叶树为主的针阔叶混交林。我国从大、小兴安岭到喜马拉雅山，从台湾到新疆阿尔泰山，广泛分布着各类针叶林，在我国自然植被和森林资源中起着显著的作用。它们的建群植物主要是古老的松柏类的各科、属和种，首先是松科的冷杉、云杉、松、落叶松、黄杉、铁杉、油杉等；其次是柏科的柏、圆柏、刺柏、福建柏等；杉科的杉、水松等，大多数属于北温带或亚热带的性质，并多属孑遗植物。我国针叶林植被类型的丰富多彩是举世无双的，其中既有与欧亚大陆以及北美洲所共有的一些种类，又有许多我国特有的种类。

人工林

人工林是采用人工播种、栽植或扦插等方法和技术措施营造培育而成的森林。根据其繁殖和培育方法的不同，一般分为播种林、植苗林和插条林等。按林种分为人工用材林、人工薪炭林、人工经济林、人工防护林等。按树种分为人工马尾松林、人工杉木林、人工杨树林、人工桉树林等。人工林均按一定的目的要求和人们需要的林种，集中营造在交通较为方便的地方，并普遍采取选育良种、适地适树、密度适中、抚育管理等集约经营措施进行营造和培育。

寒温性针叶林

我国寒温性针叶林与欧亚大陆北部的北方森林带有着密切关系，尤其是分布在我国大兴安岭北部（寒温带）的寒温性针叶林是其向南延伸的部分。在我国温带、暖

大兴安岭北部寒温性针叶林

温带、亚热带和热带地区，寒温性针叶林则分布于高海拔山地，构成垂直分布的山地寒温性针叶林带，分布的海拔，由北向南逐渐上升。寒温性针叶林按其生活型不同，可分为两个植被类型，四个群系组：

落叶松林。落叶松林是北方和山地寒温带干燥寒冷气候条件下最具有代表性的一种森林植被类型。落叶松是松科植物中比较年轻的一支，它以冬季落叶和一系列其他生物学特性对于各种严酷的生长环境有较强适应能力。落叶松林主要包括的群系如下：兴安落叶松林、西伯利亚落叶松林、长白山落叶松林、华北落叶松林、太白红杉林、大果红杉林、红杉林、四川红杉林和西藏落叶松林。

> **趣味点击　油　杉**
>
> 常绿乔木，高达30米，胸径达1米以上；树皮黄褐色或暗灰褐色，纵裂或块状脱落；1年生枝红褐色，无毛或有毛，2～3年生小枝淡黄灰色或淡黄褐色。叶在侧枝上排成两列，线形，长1.2～3厘米，宽2～4毫米，先端圆或钝（幼树之叶锐尖），基部渐狭，中脉两面隆起，下面有两条气孔带、具有短柄。

云杉、冷杉林。我国云杉和冷杉林是北温带广泛分布的暗针叶林的一个组成部分，常常在生长环境潮湿、相对湿度较高的情况下，替代落叶松林。

温性针叶林

温性针叶林指主要分布于暖温带地区平原、丘陵及低山的针叶林，还包括亚热带和热带山地的针叶林。平原、丘陵针叶林的建群种要求温和干燥、四季分明、冬季寒冷的气候条件和中性或石灰性的褐色土与棕色森林土。另一类亚热带山地针叶林建群种则要求温凉潮湿的气候条件，以及酸性、中性的山地黄棕壤与山地棕色土。根据区系与生态性质的不同，此植被类型可分三个群系组：

温性松林。以松属植物组成的松林，是温性针叶林中最主要的一类，分布广泛。比如油松林是温性针叶林中分布最广的植物群落，它的北界为华北山地，

温性针叶林

内蒙古自治区阴山山脉的大青山、乌拉山以及西部的贺兰山。在东部赤峰以北的乌丹附近，以前有大片的油松林，而且也出现在大兴安岭南端黄岗山附近的向阳山坡上。在这些地区以北，则未发现过油松。温性松林包括的群系有：油松林、赤松林、白皮松林、华山松林、高山松林、台湾松林和巴山松林。

侧柏林。以侧柏属植物为建群种的植物群系，在暖温带阔叶林地区分布很广，但组成这一群系组的只有侧柏一个群系，它广泛分布在华北地区的各个地方，在山地、丘陵和平原上都能见到。

贺兰山

贺兰山位于宁夏回族自治区与内蒙古自治区交界处，北起巴彦敖包，南至毛土坑敖包及青铜峡。山势雄伟，若群马奔腾。

柳杉林。柳杉林也只有一个群系，即柳杉林群系，主要分布在浙江、福建、江西等省的山区，河南、安徽、江苏、四川、广东、广西等省（自治区）局部地区也有少量的分布。

长白山红松针阔叶混交林

温性针阔叶混交林

温性针阔叶混交林在我国仅分布在东北和西南。在东北形成以红松为主的针阔叶混交林，为该地区的地带性植被；分布在西南的是以铁杉为主的针阔叶混交林，为山地阔叶林带向山地针叶林带过渡的森

林植被，此植被类型包括两个群系组：

红松针阔叶混交林。红松是第三纪孑遗物种，其现代分布区较为局限，主要生长在我国长白山、老爷岭、张广才岭、完达山和小兴安岭的低山和中山地带。所包含的群系：鱼鳞云杉红松林、蒙古栎红松林、椴树红松林、枫桦红松林、云冷杉红松林等。

拓展阅读

小兴安岭

小兴安岭，西北接伊勒呼里山，东南到松花江畔，长约500千米。小兴安岭西与大兴安岭对峙，又称“东兴安岭”，亦名“布伦山”。它纵贯黑龙江省中北部。

铁杉针阔叶混交林。铁杉针阔叶混交林是由铁杉与其他针阔叶树种混交组成的森林群落，主要分布在我国西南山地亚高山和中山林区。在云南的中南部和西部，四川的西部以及西藏，东至台湾的中山针阔叶混交林带都有这类森林存在；长江流域以南至南岭间的中山上部、河南、陕西、甘肃等省局部山区也有分布。包括的群系类型有云南铁杉针阔叶混交林和铁杉针阔叶混交林。

暖性针叶林

暖性针叶林主要分布在亚热带低山、丘陵和平地的针叶林。森林建群种喜温暖湿润的气候条件，分布区气候大致为年平均温度15℃～22℃，积温4500℃～7500℃。此类森林也会向北侵入温带地区的南缘背风山谷及盆地，向南可分布到热带地区地势较高的凉湿山地。暖性针叶林分布区的基本植被类型属常绿阔叶林或其他类型阔叶林，但在现存植被中，针叶林面积之大，分布之广，资源之丰富均超过了阔叶林。暖性针叶林按其生活型的不同，可分为两个植被类型。一个是暖性落叶针叶林，另一个是暖性常绿针叶林，共包括六个群系组：

暖性水杉林、水松林。暖性落叶针叶林是由冬季落叶的松柏类乔木为主组成的森林群落，主要分布在我国的华中和华南，主要群系类型：水杉林和水松林。

知识小链接

水 杉

水杉，落叶乔木，杉科水杉属唯一现存种，中国特有的孑遗珍贵树种，第一批列为我国国家一级保护植物的稀有种类，有植物王国"活化石"之称。

暖性松林。组成暖性松林的树种很多，主要有马尾松、云南松、乔松和思茅松等。各个种都有一定的分布范围，在海拔上也有一定的界限，分布的规律比较明显，因此常常用作植被区划的依据之一。暖性松林的主要群系如下：马尾松林、云南松林、细叶云南松林、乔松林、思茅松林等。

油杉林。油杉属种类稀少，星散分布，目前成片的森林极少。从分布的生长环境条件看，油杉属植物不但对土壤条件要求不高，而且常与所在地区的马尾松或者云南松混生，可见它的生态适应幅度较广，包括的群系类型：油杉林、滇油杉林等。

杉木林。杉木林只有一个群系，广泛分布于我国东部亚热带地区。它和马尾松林、柏树林组成我国东部亚热带地区的三大常绿针叶林类型。目前大多数是人工林，少量为次生林。

银杉林。银杉林只有一个群系，最初发现于广西龙胜和四川金佛山，银杉一般并不形成纯林，而与其他针叶树构成混交林，但是广西却有例外，发现银杉纯林。

水松林

柏树林。此群系组的建群植物为柏树属的各个种，它们适生于钙质土上，耐干旱瘠薄，聚集生种类也多，主要群系有：柏树林、冲天柏林和巨柏疏林。

热性针叶林

热性针叶林是指主要分布在我国热带丘陵平地和低山的针叶林。这种针叶林产地的地带性植被为热带季雨林和雨林，针叶林面积分布不大，也极少人工针叶林。成大片森林的只有海南松林，分布于海南岛、雷州半岛、广东南部及广西南部。此类植被类型只有一个群系组，即热性松林。

趣味点击　金佛山

金佛山位于重庆南部南川区，融山、水、石、林、泉、洞为一体，集雄、奇、幽、险、秀于一身，风景秀丽、气候宜人，旅游资源丰富，以其独特的自然风貌，品种繁多的珍稀动植物，雄、险、怪、奇的岩体造型，变幻莫测的气象景观和珍贵的文物古迹而荣列国家重点风景名胜区和国家森林公园。

◎ 阔叶林

相对于针叶林而言，我国阔叶林群落类型更为丰富，分布的范围也更加广泛。我国的阔叶林分为七个植被类型，分别包含若干群系组。

落叶阔叶林

落叶阔叶林是我国温带地区最主要的森林类型，构成群落的乔木树种多是冬季落叶的喜光阔叶树，同时，林下还分布有很多的灌木和草本等植物。我国温带地区多为季风气候，四季明显，光照充分，降水不足。适应于这些环境特点，多数树种在干旱寒冷的冬季，以休眠芽的形式过冬，叶和花等脱落，待春

海南岛

海南岛为中国一个省级行政区——海南省的主岛。海南省简称琼，位于中国最南端。

季转暖，降水增加的时候纷纷展叶，开始旺盛的生长发育过程。组成我国落叶阔叶林的主要树种有：栎属、水青冈属、杨属、桦属、榆属、桤属、朴属和槭属等。很多温带落叶阔叶林分布在我国工农业生产较发达的地区，也是跟人类关系十分密切的森林类型，很多大江大河的水源涵养林等都是以这种森林类型为主。

常绿落叶阔叶混交林

常绿落叶阔叶混交林是落叶阔叶林和常绿阔叶林的过渡森林类型，在我国亚热带地区有着广泛的分布。该森林群落内物种丰富，结构复杂，所以优势树种不明显。亚热带地区也有明显的季相变化，主要是在秋冬气候变干、变冷，相对比较高大的并处于林冠上层的落叶树种此时叶片脱落。第二或者第三亚层的常绿树种比较耐寒，有时林分内的常绿树种的成分增多，树木较高，形成较典型的常绿与落叶树种的混交林。组成常绿落叶阔叶混交林的主要树种：苦槠、青冈、冬青、石楠等。该森林群落保存有很多重要的珍贵稀有树种，很多是第三纪孑遗物种，被国家列为重点保护对象，如珙桐、连香树、水青树、钟萼木和杜仲等。

常绿阔叶林

珙　桐

该植被类型分布区气候温暖，四季分明，夏季高温潮湿，冬季降水较少。它是我国亚热带地区最具有代表性的森林类型，林木个体高大，森林外貌四季常绿，林冠整齐一致。壳斗科、樟科、山茶科、木兰科等是最基本的组成成分，也是亚热带常绿阔叶林的优势种和特征种。在森林群落组成上，更趋于向南分布。水热条件越好，树种组成越是以栲属和石栎属为主；在偏湿的生长环境条件下，樟

科中厚壳桂属的种类更为丰富。常绿阔叶林树木叶片多革质、表面有光泽，叶片排列方向垂直于阳光，故又有照叶林之称。

硬叶常绿阔叶林

我国硬叶常绿阔叶林通常是指由壳斗科栎属中高山栎组树种组成的常绿阔叶林，其中绝大多数种类生长于海拔2600～4000米，主要分布在川西、滇北以及西藏的东南部。该植被类型中的树木叶片很小、常绿、坚硬、多毛，分布区主要在亚热带，夏季高温，植物为适应夏季环境条件常常退化成刺状。我国常绿栎林虽然分布在具有明显夏季雨热同期的大陆型气候特征的地区，其特点却与夏旱冬雨的地中海气候区的硬叶栎类完全相同。从物种多样性看，我国喜马拉雅硬叶栎林种类远比地中海和加利福尼亚丰富得多，而且都是中国－喜马拉雅特有种。喜马拉雅山脉地区高山栎组植物在形态及对干旱生态环境的适应上，与地中海地区冬青栎有很大的相似性。我国学者曾将高山栎类误定为冬青栎，实际上，我国喜马拉雅山脉地区的硬叶栎类除川滇高山栎在阿富汗、印度的库蒙、不丹和缅甸北部也有分布之外，其余种类都是我国喜马拉雅特有种。

我国喜马拉雅山脉地区硬叶常绿阔叶林自上新世中晚期就大量存在，在青藏高原和地中海之间，欧亚大陆与北美洲之间曾经发生过植物交流和传播，喜马拉雅山脉地区与地中海地区硬叶栎林的相似性，可能是因为二者在发生和演化上具有相同的祖先而且平行发展。喜马拉雅山脉地区的硬叶栎林，可能是古地中海沿岸热带植被在喜马拉雅造山运动时期，青藏高原抬升过程中直接衍生和残遗的类型，有些种是第三纪的残遗植物。

拓展阅读

喜马拉雅山脉

喜马拉雅山脉位于我国西藏自治区，东西绵延2500多千米，南北宽200～300千米，由几列大致平行的山脉组成，呈向南凸出的弧形，这些山峰终年冰雪覆盖。主峰珠穆朗玛峰海拔8844.43米，为世界上第一高峰。

热带季雨林和雨林

本地带的范围为滇南、粤桂沿海、海南岛及南海诸岛、粤闽沿海、台湾岛及附近岛屿等地区。约占我国总土地面积的3%，是比较小的一个森林地带。这一地带地貌复杂多样，以山地、丘陵为主，间有盆地、谷地、台地、平原。西部属云贵高原南沿，地势由北向南倾斜，山地海拔多在1000～1500米，少数在2000米以上。中部多低山丘陵，地势西北高、东南低，少数山峰超过1000米，一般为300～800米。海南岛的中部为山地，向四周依次为丘陵、平原和滨海沙滩。台湾岛有五条东北—西南走向的平行山脉，高峰绵亘，海拔多在3000米以上。

本地带为中国纬度最低的地区，属于热带、亚热带季风气候，高温多雨，冬暖、夏长，平原地区年平均气温20℃～26.5℃，极有利于植物生长。但因地势高低不同，山地气温垂直差异较大。在海拔3000米以上的高山，冬季可见皑皑白雪。年降水量一般为1200～2000毫米，台湾山地有相当一部分地区年降水量在3000毫米以上。土壤缺盐基物质，呈酸性反应，富铝化作用较强。地带性土壤由南到北主要为砖红壤、赤红壤，其次为红壤、黄壤（包括黄棕壤）、石灰土、磷质石灰土。

基本小知识

石灰石

石灰石主要成分是碳酸钙。石灰和石灰石大量用作建筑材料，也是许多工业的重要原料。石灰石可直接加工成石料和烧制成生石灰。石灰有生石灰和熟石灰。生石灰一般呈块状，纯的为白色，含有杂质时为淡灰色或淡黄色。生石灰吸潮或加水就成为熟石灰。熟石灰经调配成石灰浆、石灰膏、石灰砂浆等，用作涂装材料和砖瓦黏合剂。

本地带的植物种类最为丰富，其中，高等植物就有7000种以上。在高等植物中，其他地带没有的特有种也很多，仅海南岛就有500多种，西双版纳有300多种，更有不少是国家保护的珍贵稀有植物。森林为南部亚热带常绿

阔叶林、热带季雨林、雨林和赤道热带常绿林。

南部亚热带季风常绿阔叶林分布在台湾岛北部、闽、粤、桂沿海山地、丘陵，桂西南喀斯特地区和滇东南。森林植被以壳斗科、樟科、金缕梅科、山茶科为主；还有藤黄科、蕃荔枝科、桃金娘科、大戟科、桑科、橄榄科、棕榈科、红树科等。次生植被，东部以马尾松为主；西部以云南松、思茅松为主。热带季雨林、雨林主要分布在北回归线以南的海南岛、雷州半岛、台湾岛的中南部和云南的南端。植被组成有很多科属和中南半岛、印度、菲律宾等相同。

植物种类丰富，组成优势科主要有桑科、桃金娘科、蕃荔枝科、无患子科、大戟科、棕榈科、梧桐科、豆科、樟科等。热带山峰、山脊上常出现常绿矮林、灌丛、苔藓林，以越橘科、杜鹃科、蔷薇科占优势。我国滇南地势较高，山地地貌有众多纵深切割的河谷，植被垂直带各类型交错分布。在南海诸岛，由于土壤基质的制约，主要分布以麻风桐（避霜花）、草海桐等组成的热带珊瑚岛常绿林。南海诸岛滨海分布着沙生植物和红树林。在滇南热带林保护区内，森林组成种类具有东南亚和印度、缅甸热带雨林、季雨林特色。低海拔丘陵的雨林和半常绿季雨林的组成，以常绿性的热带科、属为主。它的优势种类多为豆科、楝科、肉豆蔻科、龙脑香科等。

雨林中多典型的东南亚和印度地区热带雨林的种类。如龙脑香科的云南龙脑香、羯布罗香、翅果龙脑香、毛坡垒、望天树、千果榄仁、麻楝、八宝树等。山地常绿阔叶林，以壳斗科、木兰科、樟科和茶科为主组成，主要树种有印栲、刺栲、红花荷、银叶栲、滇楠等。山地常绿阔叶林各种类型垂直分布较明显，东部海拔1500米以上为亚热带常绿阔叶林，分布面广，保存较好，由于温凉、高湿、静风，林中苔藓植物发达，故称“苔藓林”。主要树种有瓦山栲、多种木莲、润楠等；中部西双版纳海拔1000～1500米山地，则是以刺栲、红木荷等为主组成的常绿阔叶林，分布面积广，其中勐海地区保存面积最大，森林较完整，乔木次层樟科树种很多；西部海拔1000米以上的常绿阔叶林，以刺栲、印栲、红木荷或长穗栲、樟类组成。

由于气候从东到西逐渐变干、森林植被类型从东到西大致分为三类：东部为半常绿季雨林和湿雨林，以云南龙脑香、毛坡垒、隐翼为标志；中部西双版纳季雨林和半常绿季雨林，以大药树、龙果、番龙眼、望天树为标志；西部为半常绿季雨林，以高山榕、麻楝为标志。

拓展阅读

八宝树

八宝树为五加科常绿小乔木，掌状复叶，小叶8枚左右，故而得名，其文学名叫“鹅掌柴”。高可达30米，枝下垂，幼枝具四棱。叶阔长圆形或卵状长圆形，基部心形。伞房花序顶生，萼片5~7，绿色，花柱长3~5厘米。叶片浓绿，树形丰满，美观大方。它的适应能力强，为优良的盆栽观叶花木。适合于阳台、会议室、客厅、书房和卧室绿化装饰。

在海南岛热带林保护区，植物种类极为丰富，是中国热带地区的生物基因库，共有维管束植物3500余种，分属于259科、1340属，其中约有83%属泛热带科。中国特有属有10余属，特有种有500多种。在众多的树种中，乔木树种约有900多种，属于商品材树种的有460种，其中特类至三类用材树种有200多种，多为珍贵用材树种。在乔木林中，优势树种不是很明显，但也可以见到青梅或南亚松占优势的单优林分。森林结构复杂，分层不明显。

海南岛热带雨林

热带雨林的三大特点：由藤本植物组成的绞杀植物发达，板根普遍明显发育以及老茎生花，在这里和滇南热带雨林中均较常见。

海南岛的热带雨林分布在中部山地海拔600~1000米的地段。较完整的雨林中，乔木一般可分三

层，树干挺直，分枝高，林相茂密。由于岛内东西部干旱季节长短不同，季雨林又分为常绿季雨林、落叶和半落叶季雨林。森林类型多种多样，原生森林有热带雨林和季雨林，统称为热带雨林。从水平分布来看，从海滨到山地依次为：红树林、沙生草地或多刺灌丛、次生稀树草地、热带季雨林、热带雨林、亚热带常绿阔叶林、高山矮林。东部湿润地区以常绿阔叶林为主；西部干旱地区以落叶和半落叶季雨林占优势。

在台湾岛山地，地带性森林植被，在中、南部海拔大约 2000 米以下为热带雨林、季雨林、常绿阔叶林；北部山地的下部属于亚热带季风常绿阔叶林。常绿阔叶林以上，依次为温性针叶林和寒温性针叶林、高山灌丛和高山草甸。常绿阔叶林的主要组成树种有无柄米槠、青钩栲、厚壳桂、榕树、樟树、大头茶、红木棉等。混生有九芎、重阳木、无患子、台栾树等少数落叶半落叶树种，林内具有一定的雨林特征。海拔较高的山地以红桧、台湾扁柏为主。

海拔 3000 米以上，主要是以台湾冷杉为优势的亚高山针叶林区，再向上分布有高山杜鹃灌丛。

知识小链接

草　甸

草甸是指在适中的水分条件下发育起来的以多年生草本植物为主体的植被类型。草甸与草原的区别在于草原以旱生草本植物占优势，是半湿润和半干旱气候条件下的地带性植被；而一般的草甸属于非地带性植被，可出现在不同植被带内。

蒙新地区

地处我国北部和西北部的蒙新地区，从地理位置来看，自北而南跨越温带、暖温带两个地带。但是，这一广大地区因地处亚洲大陆腹地，年降水量在 400 毫米以下，除高山的中上部因海拔升高，气温降低，湿度增大，具备了大于等于 400 毫米的降水条件，有森林分布外，其他地方一般没有天然林分布，而且经过长期的破坏和垦荒，现存的天然植被亦很少见，覆盖率不到1%。

蒙新地区目前连片分布的天然林，大部分在一些中高山地，多为寒温性针叶林。如阿尔泰山、天山、祁连山、贺兰山和阴山的中部或上部，分布有以云杉、冷杉为主的针叶林。另外，在塔里木盆地北部边缘和准噶尔盆地周围绿洲有淡水源的地方，分布有以胡杨为代表的天然林。

在上述一些天然林区中，值得提出的是天山林区。本林区有森林植物2500余种，植物成分也比较复杂。

本林区具有多样的植物区系、生态条件和悠久的发育历史，因而形成了复杂的森林类型。其中，最具有特色的森林，是山地森林和草甸，它反映了本林区比较温湿的生态环境。典型的植被带谱：高山荒漠带——山地草原带——山地寒湿性针叶林带——亚高山草甸带——高山草甸带——高山亚冰雪稀疏植被带——高山冰雪带。

在海拔1500~3000米的地带上，是由雪岭云杉构成的山地寒湿性针叶林带。天山南坡的森林，呈小块状分布于海拔2300~3000米的峡谷阴坡或谷底。雪岭云杉在天山林区绝大部分为纯林，仅在阜康－奇台林区的上缘局部地区和哈密林区的下缘，与西伯利亚落叶松构成较稳定的混交林。

雪岭云杉在伊犁山地分布最多，在中山地带构成连片森林，林分生产力也很高，个别林分树高达60~70米，胸径1米以上。天山东部林区的上部为落叶松纯林，西部为云杉林。在云杉林内最常见的小乔木有天山花楸、崖柳等。在北坡中山火烧迹地上常形成稠密的柳、山杨、桦木次生林。常见下木有黑果栒子、忍冬、蔷薇、天山卫矛、茶藨子等。

天山谷地的植物区系成分亦丰富多样。植物组成的地理成分以中生的北温带－欧亚温带成分与中亚西部山地成分占优势。除天山北坡植被中提到的以外，谷地森林和灌丛中尚有稠李、欧洲荚蒾、西伯利亚刺柏、覆盆子、新疆忍冬、阿尔泰山楂等。在中亚西部的植物成分中最具有特色的是新疆野苹果、野核桃、樱桃李、小叶白蜡和天山槭等。

我国的美木良材

人类赖以生存的地球上，树木一直在默默地改善和美化着人们的生活环境。本章生动地再现了我国珍稀树种的发展的历史，详尽介绍了各种重要树木的状况，为我们描绘了一个繁荣的树木世界景象。

红　松

红松，在东北又称为果松，是我国重要的珍贵用材树种之一。分布在我国东北小兴安岭、长白山天然林区，为常绿大乔木，树干通直圆满，高40米左右，胸径可达1.5米，树龄达500年以上。根据分析，我国东北地区的红松有1000万年以上的生长历史，它在我国所有松类树种中一直占首要位置。

红　松

我国的红松林，主要是天然林，而人工栽植的红松林只有80多年的历史。新中国成立以后，辽宁、吉林、黑龙江三省的林区和半山区，营造了大面积的红松林，并积累了一些造林经验，对扩大我国红松林资源有重大意义。红松木材材质软硬适中，纹理通直，色泽美观，不翘不弯，是优良的建筑、航空、造船等用材。从古到今，我国北方地区的重大建筑中，红松木材一直占有很大比重。红松木材在国际上也很受欢迎，被誉为“木材王座”。红松还含有丰富的松脂，可采脂提炼松香、松节油；树皮、种子等在工业医药方面得到重用。

拓展阅读

天然林

天然林指依靠自然能力形成的森林。我国的天然林主要分布在东北、内蒙古和西南等重点国有林区。

杉　木

杉木是我国特有的主要用材树种。我国劳动人民栽培杉木已有1000多年的历史。杉木生长快，产量高，材质好，用途广，是我国南方群众最喜爱的树种之一。

杉木是常绿大乔木，树高可达30米以上，胸径可达3米，树冠尖塔形，树干端直挺拔。杉木是速生树种，中心产区20年生以上的林分，每年可增高1米，平均胸径可增加1厘米。

杉　木

杉木在我国分布较广，栽培区域达我国六个省区。其中，黔东、湘西南、桂北、粤北、赣南、闽北、浙南等地区是杉木的中心产区。我国杉木产量最大，占全国商品材的$\frac{1}{5}\sim\frac{1}{4}$。杉木是我国最普遍的重要商品用材，材质轻韧，强度适中，质量系数高，木材气味芳香，材中含有“杉脑”，抗虫耐腐。它广泛用于建筑、桥梁、造船、家具等方面。杉木树皮含单宁达10%，可提取栲胶；根、皮、果、叶均可药用，有祛风燥湿、收敛止血之效。

杉木是长寿树种，几百年、上千年的古杉树并不少见。

樟树　楠木

樟树和楠木都是我国的珍贵用材树种，素以材质优良闻名中外。这两种树都是常绿乔木，高可达40～50米，胸径可达2～3米。它们主要生长在我国亚热带和热带地区。

趣味点击 楠 木

楠木为樟科常绿大乔木，分布于亚热带常绿阔叶林区西部，气候温暖湿润，年平均温度17℃左右，1月平均温度7℃左右，年降水量1400～1600毫米。楠木为我国特有，是驰名中外的珍贵用材树种。四川有天然分布，是组成常绿阔叶林的主要树种之一。楠木材质优良，用途广泛，是楠木属中经济价值较高的一种。它又是著名的庭园观赏和城市绿化树种。

樟树、楠木自古以来为我国人民所喜爱，我国劳动人民栽培和利用樟树、楠木有两千多年的历史，但大量栽培始于唐代。现在我国南方各省还保存有不少千年古樟树、古楠木。

樟树、楠木的材质细腻，纹理美观，清香四溢、耐湿、耐朽、防腐、防虫，为上等建筑和高级家具用材。樟树全身都是宝，用樟树根、茎、枝、叶提炼的樟脑和樟油，是一种特殊工业原料。如制造胶卷、胶片，都离不开樟脑。樟脑和樟油，在医药、火药、香料、防虫、防腐等方面都有广泛的用途。

水 杉

水杉是落叶大乔木，高可达30～40米，胸径可达2米以上。水杉是个古老稀有的树种，早在中生代上白垩纪就诞生在北极圈的森林里。后来北半球北部冰期降临，水杉类植物遭受冻害而灭绝。20世纪40年代，我国植物学家在湖北省利川县深山中发现水杉树种并公诸于世后，震惊世界，人们就把我国的水杉誉

水 杉

为植物“活化石”。

水杉树干纹理通直，材质轻软，干缩差异小，易加工，油漆及胶粘性能良好，适于建筑、造船、家具等用材。水杉材管胞长，纤维素含量高，又是良好的造纸用材。新中国成立以后，水杉开始在国内各地引种，现在北至北京，南至两广，东临东海，西至四川盆地都有栽植。水杉现在在国外引种遍及亚、非、欧、美等50多个国家和地区，生长良好。

基本小知识

纤维素

纤维素是由葡萄糖组成的大分子多糖，不溶于水及一般有机溶剂。它是植物细胞壁的主要成分。纤维素是自然界中分布最广、含量最多的一种多糖，占植物界碳含量的50%以上。棉花的纤维素含量接近100%，为天然的最纯纤维素来源。一般木材中，纤维素占40%～50%，还有10%～30%的半纤维素和20%～30%的木质素。

银　杏

银杏，又称白果树，同水杉一样，也是我国现存植物中最古老的孑遗植物，被称为“活化石”。银杏为落叶大乔木，高可达40米以上，胸径可达4米以上，树龄可达几千年。银杏在我国有悠久的历史，早在汉末三国时期，江南一带就有栽培。现在我国北至辽南，南至粤北，东至台湾，西至甘肃，20多个省区都有种植。主产区在四川、广西。

银杏一身全是宝。银杏果在宋代以后被列为贡品。银杏果富含淀粉、脂肪、蛋白质和维生素，既可食用，又可入药。银杏树材质细致，花纹美观，不易变形，是一种较好的建筑、家具、雕刻用材。银杏树是一种长寿树，上千年的古银杏树，全国各地都有。

珙　桐

珙桐是一种落叶大乔木。它是我国特有的古老珍稀树种之一。世界植物学家把它叫作植物“活化石”。珙桐树形端正，树干通直，有奇特的花可供观赏。它那茂密的树枝向上斜生，好似一个巨大的鸽笼。每年四五月间开白花，中间由多数雄花和一朵两性花组成的红色球形头状花序，像鸽头。当风吹来，“鸽笼”摇荡，“群鸽”在笼里点头扇翅，跃跃欲飞，栩栩如生。

柏　树

柏树是柏科树木的总称。全世界约有150种，我国有40多种。其中柏木、侧柏、福建柏、圆柏等为我国特有。

柏树是常绿大乔木，四季苍翠，枝繁叶茂，树姿优美，材质好，是上好的用材树种，人皆爱之，被誉为“百木之长”。柏树更是有名的长寿树。

柏树在我国分布很广，几乎遍布全国各省区。我国劳动人民栽培柏树历史最久。柏树材质坚实平滑，纹理美观，含有树脂，有香味，有很强的耐腐性，是建筑、桥梁、家具、造船、雕刻等的上等用材。

在我国，柏树自古以来被人们看作最佳的绿化树种，在宫殿、庙宇、公园等地广为种植，为这些地方大增光辉。

泡　桐

泡桐虽不是珍贵用材树种，但泡桐材也算得上优良材。泡桐是落叶大乔木，树干通直、树冠宽阔、树花美观，它是我国特产的速生优质用材树种之一。泡桐在我国分布很广，尤以豫东、鲁西南为中心产区。全国泡桐有五个主要树种：兰考泡桐、楸叶泡桐、毛泡桐、白花泡桐和四川泡桐。

泡桐木材用途很广，可用以制作家具、乐器、建筑、工艺品等。泡桐的材质有许多独特的优良性能。木材纹理直，结构均匀，不翘不裂，易加工。木材变形小，重量轻，隔潮性能好，对保护物品非常有利，耐腐性强，是良好的家具用材。音质好，共振性强，又是良好的乐器用材。泡桐材是我国出口商品材之一，在国际市场上享有很高的声誉。

檀香树

檀香树属檀香科常绿大乔木，台湾、西藏、云南、海南等地都有分布。檀香树生长高大，北京雍和宫万福阁的大佛，从头到脚高18米，地下还埋有8米，共26米，直径8米，就是用独棵白檀雕刻而成，成为举世无双的文物珍品。

檀香树虽然高大无比，但它却是一种“半寄生植物”。它幼时因自身叶片进行光合作用制造的养分满足不了需要，便从根系上长出一个个珠子样的圆形“吸盘”，吸取比它矮小得多的常春花、长叶紫珠、南洋楹等植物根上的营养来养活自己。

檀香树用途广，既可做高级家具、器具，又可作为中外闻名的特种工艺品檀香扇骨和雕刻等用材。刨成片可入药作芳香剂、健胃剂；树干和根，经蒸馏还可得“白檀油”，含有90%的檀香醇，是一种十分名贵的天然香料。

知识小链接

吸　盘

动物的吸附器官，一般呈圆形、中间凹陷的盘状。吸盘有吸附、摄食和运动等功能。蚂蝗前端的口部周围和后端各有一个吸盘。

檀香树

除上述檀香树外，我国还有紫檀和降香黄檀等。

紫檀又称青龙木、赤檀，也是一种常绿珍贵乔木。原产亚洲热带地区，我国南方有栽培。木材棕红色，通称红木，是高级家具和高级雕刻用材。湖南省岳阳市岳阳楼上有块举世瞩目的《岳阳楼记》木刻，就是用 15 块紫檀雕刻而成。

降香黄檀是我国海南岛的特有树种，又称花梨木、海南檀。材质坚韧，结构细密，色泽红润，花纹美丽，香气持久。耐腐、抗湿，干后不变形，不开裂，是制造名贵家具、乐器和雕刻、镶嵌、美工装饰等的上等用材。降香黄檀被列为海南特种商品用材之首。它的心材称降香木，可代檀香。木材经过蒸馏所得降香油，可作香料工业的定香剂。

柠檬桉

桉树是世界著名的速生树种。常绿大乔木，一般树高 35 米左右，胸径 1 米左右。

柠檬桉

桉树原产澳大利亚，中国引种已有80多年的历史。引进的品种在百种以上，主要有柠檬桉、蓝桉、大叶桉、葡萄桉、赤桉、直干桉、多枝桉等，多种植在福建、广东、广西、海南、云南、四川、江西、湖南等省区。广东雷州半岛营造桉树林七八十万亩，使千年荒地变成绿洲。

柠檬桉引进我国已有70多年的历史，它是桉树大家族中的佼佼者。它那高大通直如柱，因年年脱皮而呈灰蓝、灰白色的树干，刚劲挺拔，直指云天；那柔软轻盈的树冠，似杨柳轻飏；每当百花盛开之时，那玲珑的坛、壶形蒴果像熟透了的葡萄挂满树梢，煞是好看。特别是那沁人心脾的柠檬香气，清香四溢，更令人陶醉。故人们把它叫作“林中仙女”。

柠檬桉一般10～15年即可长成栋梁之材。这种桉树遗传性能稳定，不易变种，多代培育仍能表现出速生、高大、干直、枝杈少等优良特性。出材率高达75%以上，非一般阔叶树种所能比。材质硬重强韧，耐磨抗腐，广泛应用于采矿、建筑、交通、造纸等方面，尤以造船为最优。我国东南沿海渔船常用柠檬桉材作龙骨、船舷等关键部位用材。

造 纸

造纸有机制和手工两种形式。机制是在造纸机上连续进行，将适合于纸张质量的纸浆，用水稀释至一定浓度，在造纸机的网部初步脱水，形成湿的纸页，再经压榨脱水，然后烘干成纸。手工则用有竹帘、聚酯网或铜网的框架，将分散悬浮于水中的纤维抄成湿纸页，经压榨脱水，再行晒干或烘干成纸。机制和手工两种造出来的纸最大区别在于，由于手工纸采用人工打浆，纸浆中的纤维保存完好；机制纸采用机器打浆，纸浆纤维被打碎。这样使得手工纸在韧性拉力上大大优于机制纸，也比机制的软，特别体现在书画用纸上。

入海不受牡蛎寄生侵蚀，耐海水浸泡，不翘不腐，经久耐用。

柠檬桉叶含油率为1.5%，可提炼香料和珍贵医药用原料。在医药方面，具有消炎解毒，驱风活血的功效；对肺炎球菌、伤寒杆菌、绿浓杆菌有明显抑制作用；对顽疥、癣疾、烫伤等有特殊疗效。柠檬桉材富含淀粉，其木材、枝丫均可培养白木耳（银耳）。柠檬桉一年两次开花，花期很长，又是重要的蜜源树种。

柚木　轻木

轻　木

柚木是世界上最珍贵的用材树种之一。材质呈黄褐色或暗褐色，木质细密，硬度大，纹理美观。在日晒雨淋、干湿变化较大的情况下，不翘不裂；耐水、耐火性强，能抗白蚁和不同海域的海虫蛀食，极耐腐，列于世界船舰用材的首位，是军需航海的重要用材。同时柚木也是营建海港、桥梁、车厢、家具、雕刻、贴面板、装饰板等优良用材。

轻木是世界上木质最轻的树种之一，中国云南即有生长。木材经干燥后，1立方米木材100千克，只有1立方米普通栗木材重量的$\frac{1}{10}$。轻木的突出特点是轻，浮力大。从前，人们多用其来做木筏。它还有隔热、隔音的特点，是制造飞机、轮船和高级体育器械的特殊材料。它生长很快，种植后每年胸径可生长3~4厘米。

楸、梓

梓

楸与梓是落叶大乔木，高可达30多米，胸径可达1米以上，是两种受人喜爱的优良用材树种。楸与梓分布于长江和黄河流域，以江苏、河南、山东等地为最普遍。

楸与梓是两种形态极为相似的树。古时常楸、梓不分，有时称楸为梓。明代医学家李时珍以木材颜色来区分楸、梓。现在，人们也称楸为梓桐；称梓为河楸、泡楸、花楸。

中国栽种楸、梓的历史悠久，早在两三千年以前已在庭院、村旁广为栽植。楸、梓是上好的木材，有“木莫良于梓”之誉。古时印刷刻板，非梓、楸木不可，故把书籍出版叫“付梓”。

楸、梓木材，纹理通直，花纹美观，材性好，不裂不翘，耐腐朽和水湿，不易虫蛀，软硬适中，易加工，切面光滑，钉着力好，油漆及胶粘力强，最宜作为建筑、家具、车辆、船舶及室内装饰用材。做箱、匣、衣柜、书橱等，隔潮不遭虫蛀。木材质地细致，可做细木雕刻。传音和共

氯 气

氯气常温常压下为黄绿色气体，经压缩可液化为金黄色液态氯，是氯碱工业的主要产品之一，用作强氧化剂与氯化剂。氯混合5%以上氢气时有爆炸危险。氯能与有机物和无机物进行反应，生成多种氯化物。氯在早期作为造纸、纺织工业的漂白剂。

振性能好，亦宜做乐器。

楸树高大，干直圆满，叶浓花美。楸树抗二氧化硫和氯气性能好，在我国某些地区二氧化硫污染严重的工厂，杨树、枫杨都不能生存，而楸树生长良好，其抗毒性与臭椿相近。枝叶又能吸滞灰尘，每平方米叶片可滞尘2克多，是城乡工厂区绿化的良好树种。楸树皮入药，可治痈肿，排脓拔毒，利尿。

椰子树

椰子树是多年生的常绿乔木，在我国海南省被称为“摇钱树”，印度称它为“宝树”，斯里兰卡则叫它“生命之树”。椰子树在中国栽培已有两千多年的历史了。

椰子树终年挂果，盛果期为40年左右，陆续成熟，以6～8月最多。一株椰子树一年可结果80～100个，外有粗皮，皮下有硬壳，壳内有浆，俗称椰汁，味甜而清凉，炎热暑天，饮用椰汁可解暑清肺，益气生津，故被人称为“树上汽水”。

椰子全身无废物，椰油富有营养，在人体内消化吸收率可达95%～98%，是热带地区的主要植物食用油。椰果肉含脂肪33%，蛋白质4%左右，可生食；制成椰蓉、椰奶后，可配制椰子糖、椰子饼、椰子酱罐头。椰衣纤维弹性和韧性较强，防腐性良好，可制绳

趣味点击　椰蓉

椰蓉是椰丝和椰粉的混合物，用来做糕点、月饼、面包等的馅料和撒在糖葫芦、面包等的表面，以增加口味和装饰表面。原料是把椰子肉切成丝或磨成粉后，经过特殊的烘干处理后混合制成。椰蓉本身是白色的，而市面上常见的椰蓉呈诱人的油光光的金黄色，这是因为在制作过程中添加了黄油、白砂糖、蛋黄等。这样的椰蓉虽然口感更好，口味更浓，营养更丰富全面，但是热量较高，不宜一次食用过多。

索、扫把、刷子和地毯等。椰子果壳能雕制各种工艺品或作乐器，也可提炼优质活性炭。

龙眼树

龙眼树也是热带果树，原产于中国，已有两千多年栽培历史。由于它在百果中久负盛名，所以在历史上一向作为皇家的贡品。

古代传说，有一年轻樵夫，一日在山中发现一种味道很美的果子，带回让其双目失明的母亲品尝，其母食后，双目复明。后人遂将此果取名为“龙眼”果。

龙眼树龄较长，生长期一般为 100 年，树冠繁茂，终年碧绿，尤其在盛夏 8 月龙眼成熟时，碧叶之中挂着一穗穗沉甸甸的淡黄果实，实为好看。

龙眼也叫桂圆，有 230 多个品种，其中有肉厚、味道甘美、外形圆饱而驰名中外的兴化桂圆；也有肉厚、质脆、色如凝脂、晶莹润泽的东壁桂圆。根据其颗粒大小，又可分为大三元、大四元、大五元、中元四种。

龙眼果肉鲜嫩，润泽晶莹，汁多味甜，清香可口，营养丰富。含有多种维生素及葡萄糖、蛋白质、脂肪等成分。有健脾益神，养血补心的功效。在药用上可用于治疗贫血、胃痛、

拓展阅读

贫　血

贫血是指全身循环血液中红细胞总量减少至正常值以下。但由于全身循环血液中红细胞总量的测定技术比较复杂，所以临床上一般指外周血中血红蛋白的浓度低于患者同年龄组、同性别和同地区的正常标准。我国的正常标准比国外的标准略低。沿海和平原地区，成年男子的血红蛋白如低于 12.5 克/分升，成年女子的血红蛋白如低于 11.0 克/分升，可以认为有贫血。12 岁以下儿童比成年男子的血红蛋白正常值约低 15%，男孩和女孩无明显差别。

龙眼树

久泻等症。龙眼树根、叶、花、果均可入药。根、干可提取栲胶；果实含淀粉，可酿酒，也可磨粉做家禽饲料。花多且花期长，是极好的蜜源树种。龙眼蜜，是蜜中珍品。

龙眼在我国以广东、广西、海南及福建分布较多，而以福州以南沿海30～60千米一带，为栽培龙眼的最佳地区。

漆　树

漆树是中国重要的经济树种，既是天然涂料树和油料树，也是一种用材树。它是高大落叶乔木，一般高20米，胸径80厘米，寿命在70年以上。中国劳动人民利用漆料和栽培漆树历史悠久，远在4000年前即用生漆涂饰食具、祭器，到西周时代用生漆涂饰车辆，并设置了征收漆林税的漆园吏。

中国的漆树分布较广，以河南、陕西、四川、湖北、贵州等省为最多。生漆产量居世界第一位，年产两三百万千克。它是我国传统的出口商品，每年出口量达总产量的$\frac{1}{6}$，为国家创造大量财富。中国有五大名漆，即湖北毛坝漆、竹溪漆、陕西安康漆、四川城口漆和贵州毕节漆。其中，四川城口大木漆以颜色鲜艳、味酸香、抓力强、干燥快等特点而居首位。在国际市场上，中国漆声誉很高。

漆树主要产品为生漆、漆蜡、漆仁和木材。生漆刚割出时为乳白色或灰黄色，与空气接触后变为棕红色或黑色。在空气中容易干燥，结成黑色光亮坚硬的漆膜。它具有优异的防潮、防腐、绝缘、耐高温、耐火、耐水浸等特性，被誉为“涂料之王”。用生漆涂饰的家具、木器及各种工艺品，光亮美观，经久耐用。长沙马王堆汉墓中出土的漆器，在地下埋藏了两千多年，仍完好如新，可见生漆之奇特功能。北京故宫中陈设的各种贵重家具、器皿等，多是用生漆涂饰的。

漆树果实中含有丰富的漆蜡（俗称漆油）和漆仁油。漆蜡是制造肥皂和甘油的重要原料。漆仁油是溶点较低、碘价高、不饱和程度较高的液体不干性油，可用作油漆工业的原料。它经处理后也可食用。

漆树的叶、花、果实均可入药，有止咳嗽、消瘀血、通经、杀虫之效，还可治腹胀、风寒湿痹、筋骨不利等病。漆根和叶可作农药。

漆树的木材可作建筑、家具和室内装饰等用材。据古农书记载，古人还用漆木制琴、造弓。

生 漆

生漆（天然漆）称“土漆”，又称“国漆”或“大漆”。它是从漆树上采割的乳白色胶状液体，一旦接触空气后转为褐色，数小时后表面干涸硬化而生成漆皮。生漆的经济价值很大，具有耐腐、耐磨、耐酸、耐热、隔水和绝缘性好、富有光泽等特性，是军工、工业设备、农业机械、基本建设、手工艺品和民用家具等的优质材料。生漆也是我国传统出口的重要物资之一，并以量多质好著称于世。

我国林业地区划分

我国沙化土地面积大，影响面广，直接威胁着地区的经济开发，及时进行沙地林业生态综合治理技术研究，能尽快改善当地的生态环境和人们的生产生活条件。加快地区的防沙治沙步伐，对防治该地区土地沙化具有重要现实意义。本章运用生态学、统计学等理论，以华北土石山区、西北黄土高原、东北农牧交错区、长江上游等典型防护林建设区为重点研究对象，讲解小流域防护林对生态环境的保持作用，以及对改善流域、区域生态环境和建立国土生态安全体系的作用。

为了合理地、全面地发展我国的林业事业，国家制定的全国林业区划方案，按照自然条件和社会经济状况，把中国的森林划分为50个林区。并按照大的地形区域、气候区域和森林植被类型等因素，又将50个林区进一步划分为七大林业地区，作为科学经营森林的总布局。各林区都有着与相邻地区不同的林业发展方向和发展措施。这七大林业地区是：①东北防护、用材林地区。②蒙新防护林地区。③黄土高原防护林地区。④华北防护、用材林地区。⑤西南高山峡谷防护、用材林地区。⑥南方用材、经济林地区。⑦华南热带林保护地区。从现阶段情况来看，在这七大林业地区中，构成中国森林的主体及在今后发展上有重要作用的，主要为除蒙新防护林地区之外的六大林业地区。

东北防护、用材林地区

东北防护、用材林地区位于我国的东北部，是我国森林资源最丰富的林区。近百年来，就以盛产红松和硬阔叶水曲柳、黄波罗、胡桃楸等优良木材而闻名国内外，曾一度成为沙俄、日本等帝国主义国家掠夺的对象。新中国成立以来，本林区一直是我国最大的木材生产基地，木材年产量占全国年产木材的$\frac{1}{2}$。

东北防护、用材林

本地区的森林，不仅发挥着为国计民生提供木材的生产基地的作用，同样重要的是作为东北地区生态系统的主体，对维护当地的生态环境，如蓄水、保土、调节小气候等，都发挥着作用，是整个东北地区的天然屏障。

东北防护、用材林地区的地理范围是，北起黑龙江，南抵辽东半岛，南北长1500余千米；东至乌苏里江，西接蒙古国，东西宽约1400千米。东北防护、用材林地区包括黑龙江省、吉林省的全部、辽宁省的大部和内蒙古自治区的呼伦贝尔盟、兴安盟、哲里木盟以及昭乌达盟的大部。总面积近12 000万公顷，全地区共有七大林区，即大兴安岭北部用材林区、呼伦贝尔草原护牧林区、松辽平原农田防护林区、小兴安岭用材林区、三江平原农田防护林区，大兴安岭南部防护、用材林区，长白山水源、用材林区。其中有一个以牧业为主、两个以种植粮食作物为主的林区。所以，本地区农业、牧业均有相当基础，也是中国重要的商品粮生产基地和肉类、毛皮生产基地。

长白山美人松

本地区的植物组成以长白山植物区系为主，另有西伯利亚、蒙古和华北植物区系成分。植被类型有森林、草原和沼泽植被。按水平地带分布情况，从北向南有寒温带针叶林、温带针阔叶混交林；从东到西为森林、草甸草原和草原。

东北林业地区的主要用材树种有红松、落叶松、云杉、冷杉、樟子松、美人松、红皮云杉、胡桃楸、水曲柳、紫椴、黄波罗、桦木、山杨、榆类、栎类、色木等。其中以小兴安岭和长白山两个林区的红松最为著名。红松林在世界上仅分布在亚洲东北部一带，在中国境内仅限于小兴安岭和长白山，分布范围南北长约900千米，东西宽约500千米。本地区的小兴安岭被称为“红松故乡”。

本地区森林总面积为3333万多公顷，森林覆盖率为30.5%，森林蓄积量为31.9亿立方米。该地区尚有大量宜于发展林业的荒山、荒地和沼泽地。若本地区全面绿化后，则是我国最大的和森林资源最雄厚的林业基地。

知识小链接

黄波罗

黄波罗从树皮到木材，树干通身呈现黄色。树皮的外皮微黄，木栓层发达，富弹性，可用来制作软木塞或软木砖。内外鲜黄色，味苦药用，故有黄蘖之称。边心材区分明显，边材甚窄，淡黄色；心材灰褐黄色至绿褐色。环孔材，花纹明显而美观。木材的材质特性加工及工艺性能与胡桃楸类似，材质稍逊于核桃楸。它常制成家具的使用面材，而不适用于家具的腿脚材料。

在本地区的七大林区中，以大兴安岭北部用材林区、小兴安岭用材林区和长白山水源、用材林区最为主要。

黄土高原防护林地区

黄土高原因地表被深厚的黄土层所覆盖而闻名于世。本地区处在黄河中上游，占有黄土高原的主要部分。西起青海日月山，东抵山西五台山、太行山、中条山西麓，北界甘肃景泰、宁夏同心、陕西长城沿线和内蒙古呼和浩特、集宁一线，南至秦岭、中条山北麓。黄土高原包括青海、宁夏、甘肃、陕西、内蒙古、山西等省区各一部分。

本地区是中国历史上开发最早的地区之一，森林资源经过长时期不合理地开发利用，大部分被毁，自然条件恶化，水土流失严重。

黄土高原有林地面积为 200 多万公顷，森林覆盖率为 6. 25% ，另有灌木林约 866 万公顷，两者合计的覆盖率也仅为 8. 7% 。新中国成立以来，人工造林保存面积约 67 万公顷，约占有林地面积的 33. 5% 。平均每人占有林地只有 50 平方米多，占有木材蓄积量不足 2 立方米。由于森林过少，不仅生态环境恶化，而且群众所需的燃料、木料奇缺。

本地区现有森林资源虽少，但有宜于发展林业的荒山荒地达 733 万多公顷，可以进行植树造林，把森林和灌木林覆盖率提高到 50% 以上。大力进行造林，增加乔木、灌木、草原覆盖，最大限度地控制水土流失和改善当地生态环境，从根本上解决“四料”（燃料、木料、饲料、肥料）俱缺的困难。国家已将黄土高原造林列为“三北”防护林体系的重要组成部分，正在组织当地群众大力进行造林。

黄土高原林业地区共包括三个林区，即黄土丘陵水土保持林区、陇秦晋山地水源林区和汾渭平原农田防护林区。本地区的森林处于暖温带落叶阔叶林带，但在海拔较高的吕梁山、六盘山及其他山地上部亦有以云杉占优势的寒温带针叶林。由于长期反复垦殖，原生森林已经破坏殆尽。现在，仅青海东部山地，甘肃兴隆山、马衔山、子午岭，宁夏六盘山，陕西乔山、黄陇山，山西吕梁山等处，尚保留有部分天然次生林。主要树种有云杉、华北落叶松、油松、华山松、白桦、山杨、栎类、侧柏、白皮松、大果榆等。

趣味点击 **燃 料**

燃料是指能通过化学或物理反应释放出能量的物质。它广泛应用于工农业生产和人民生活。燃料有许多种，最常见的如煤炭、焦炭、天然气等。随着科技的发展，人类正在更加合理地开发和利用燃料，并不断地提高环保的意识。

下面以黄土丘陵水土保持林区和陇秦晋山地水源林区为例，略加补充说明。

◎黄土丘陵水土保持林区

黄土丘陵水土保持林区位于我国华北西部，西北东部。它大体上西自青海日月山以东，东到山西吕梁山东麓，北部边缘从青海大板山经甘肃景泰、靖远，宁夏同心，陕西长城沿线到内蒙古托克托、呼和浩特、集宁市，南部边缘从青海贵德、循化，甘肃甘南高原北缘、小陇山，陕西“北山”到山西晋南盆地北界。它包括青海、甘肃、宁夏、陕西、内蒙古、山西等省区的10个省级林区，即：陇中黄土丘陵水土保持、薪炭林区；陇东黄土高原水土保持林区；晋西黄土丘陵防护林区；吕梁山东侧黄土丘陵水土保持林区；青海东部黄土丘陵水土保持林区；陕北黄土沟壑水土保持林区；渭北黄土高原水土保持、农田防护林区；西海固黄土丘陵水土保持、薪炭林区；六盘山水源涵养水土保持林区和阴山丘陵南部水土保持林区。

华北落叶松

黄土丘陵水土保持林区森林植被属暖温带落叶阔叶林区域的晋陕黄土高原栽培植被松栎类林区和温带草原区域的黄土高原中东部草原区。由于广种薄收和滥垦滥牧的影响深重，天然植被遭到严重破坏，植被覆盖很差，仅在一些人烟稀少的土石山地残存有零星的天然次生林，其余多为人工栽培的林木。天然分布的树种有云杉、落叶松、白桦、山杨、油松、侧柏、杜松、白皮松、槲树、槲栎、榛子、茶条槭、大果榆、胡桃楸、山杏等。人工栽培的树木有杨、榆、柳、刺槐、泡桐、臭椿及苹果、梨、枣、核桃、桑、花椒、桃、杏、李等。

黄土丘陵水土保持地区林业用地共有 733 万多公顷。其中，有林地为 86 万多公顷，森林覆盖率为 3.26%。灌木林地为 60 多万公顷。在有林地中，用材林为 48 万公顷，占 52.8%；另有相当数量的防护

拓展阅读

薪炭林

薪炭林是指以生产薪炭材和提供燃料为主要目的的林木（乔木林和灌木林）。薪炭林是一种见效快的再生能源，没有固定的树种，几乎所有树木均可作燃料。通常多选择耐干旱瘠薄、适应性广、萌芽力强、生长快、再生能力强、耐樵采、燃值高的树种进行营造和培育经营，一般以硬材阔叶树为主，大多实行矮林作业。

臭 椿

臭椿原名樗、又名椿树和木砻树，因叶基部腺点发散臭味而得名。它属于苦木科，是一种落叶树。它原产于中国东北部、中部和台湾，生长在气候温和的地带。这种树木生长迅速，可以在25年内达到15米的高度。臭椿寿命较短，极少生存超过50年。

林、经济林、薪炭林和特用林。在上述林地中，新中国成立后人工造林保存面积为56万多公顷，占62.6%。现有森林中幼龄林和中龄林居多数，按林龄组划分，幼龄林面积占61.36%，蓄积量占27.15%；中龄林面积占35%，蓄积量占60.8%；成熟林面积占3.64%，蓄积量占12.05%。

此外，本地区还有农田防护林等近4亿株，蓄积量840多万立方米。

◎ 陇秦晋山地水源林区

陇秦晋山地水源林区，为黄土高原中部的一个狭长的土石山地带，也是一个天然次生林区。由山西吕梁山水源林区、陕西黄龙山、乔山水源林区和甘肃子午岭水源林区三个省级林区所组成。

森林植被属于落叶阔叶林地带，是黄土高原森林植被保存较好的地区，天然植被覆盖较好，但原生森林植被已经破坏，现存森林植被基本上为天然次生林。构成该林区森林的优势树种主要有辽东栎、山杨、白桦、油松、侧柏、华山松等。此外，还有麻栎、栓皮栎、白皮松、槲栎、鹅耳枥、茶条槭、白榆、大果榆、胡桃楸、杜梨、山杏等。在吕梁山区，随着海拔和纬度的差异，分

辽东栎

布有以白桦、红桦、山杨等构成的红桦林和白杆、青杆为主的云杉林及华北落叶松等山地寒温带针叶林。人工栽培的树木有杨、柳、榆、刺槐、苹果、梨、枣、核桃、桑、花椒、臭椿等。

陇秦晋山地水源林区有林地 133 万多公顷，森林覆盖率为 29.4%，森林蓄积量为 6600 多万立方米，林分蓄积量为 6091.42 万立方米，平均每公顷蓄积量 46.5 立方米。另有相当数量的疏林、灌木林和新造人工林。

华北防护、用材林地区

华北防护、用材林地区同黄土高原防护林地区一样，也是我国开发历史最早的地区之一。自古以来，中华民族的祖先就在这一广大地区劳动生息，从事农业生产，形成以农业为主的经济结构。

华北防护、用材林地区东临渤海、黄海，西止五台山、太岳山和中条山西麓，南至淮河下游和苏北灌溉总渠，北以燕山北麓和阴山南麓为界。由燕山太行山水源、用材林区，华北平原农田防护林区，鲁中南低山丘陵水源林区和辽南鲁东防护、经济林区四个省级林区组成。该地区包括北京、天津两市，山东省的全部，河北省的大部以及辽宁、山西、河南、安徽、江苏五省的一部分。土地总面积为 6933 万多公顷，人口约占全国总人口的$\frac{1}{4}$，是全国七大林业地区中人口最稠密的一个区。

华北防护、用材林地区土地垦殖最为广泛。不仅大平原绝大多数土地被开辟为农田，广大山区和丘陵区也已经反复开垦，许多地方已开山到顶，原生森林植被早已被破坏无遗。本地区森林

山　杨

山杨属乔木，高达 20 米，树冠圆形或近圆形，树皮光滑，淡绿色或淡灰色，老树基部暗灰色。叶椭圆形、圆形或三角状圆形，长 3～8 厘米，宽 2.5～7.5 厘米，先端圆钝，基部圆形。边缘具有波状浅齿，后变光滑。花单性，雌雄异株。

植被基本为暖温带落叶阔叶林。但山地因海拔差异较大，还分布有温带针阔叶混交林和寒温带针叶林。代表树种：山地为油松、赤松、华山松、云杉、冷杉、落叶松、桦树、山杨、槭、椴等；丘陵和山前地带为核桃、板栗、银杏、枣、文冠果、花椒等；平原地带为杨、柳、榆、刺槐、国槐、泡桐、臭椿、桑、枣、苹果、梨、桃、柿子等。

油　松

华北防护、用材林地区现有林业用地面积为1533万多公顷，其中，有林地面积580万公顷，森林覆盖率为8.3%。另有相当数量的疏林、灌木林和新造人工林。森林总蓄积量为近2亿立方米，是全国七大林业地区中森林资源最少的地区之一。

西南高山峡谷防护、用材林地区

西南高山峡谷防护、用材林地区包括青海南部、甘肃南部、四川西部、云南西北部及西藏的东部和南部，是一个呈西窄东宽的长形地带。它由雅鲁藏布江上中游防护、薪炭林区，高山峡谷水源、用材林区两个省区级林区组成。总面积为7866万多公顷。西南高山峡谷防护、用材林地区由于地貌复杂，地势变化大，气候多样，植被类型几乎包括了从寒温带针叶林到热带雨林的所有森林植被类型。按照从东南向西北、从下向上的顺序，在西藏东南地区，峡谷地段有热带雨林，分布着白刺花、仙人掌、金合欢等多刺肉质灌木丛；往上分布着以樟科为主的亚热带温带常绿阔叶林；再往上部为针阔混交林；然后为温带针叶林和寒温带针叶林。

西南高山峡谷防护、用材林地区森林资源丰富，是中国第二大林区。东

部的川西林区和滇西北林区，是目前中国西南地区的主要木材生产基地。现有林区绝大部分集中在东半部即横断山脉和高山峡谷区。森林总面积约1133万公顷，森林覆盖率为14.6%，森林蓄积量近27亿立方米，其中，林分蓄积量占96%，多为成、过熟林，其面积和蓄积量分别占84%和94%以上。森林生长率低，但因单位面积蓄积量高，所以，其绝对生长量还是比较大的。

亚高山常绿针叶林

西南高山峡谷防护、用材林地区由大渡河上游高山峡谷水源涵养林区，澜沧江、长江高山峡谷水源涵养林区，甘肃白龙江上游水源、用材林区，四川西部高山峡谷防护、用材林区，滇西北高山峡谷水源、用材林区，西藏自治区雅鲁藏布江中下游用材、经济林区，藏东南高山峡谷经济、用材林区，横断山脉水源、用材林区等八个省级林区组成。全区以林牧业为主。

拓展阅读

横断山脉

横断山脉是世界年轻山系之一。它是中国最长、最宽和最典型的南北向山系，也是唯一兼有太平洋和印度洋水系的地区。它位于青藏高原东南部，通常为四川、云南两省西部和西藏自治区东部南北向山脉的总称。

西南高山峡谷防护、用材林地区森林植被以亚高山常绿针叶林为主体，海拔2400～3600米范围内主要为亚高山常绿针叶林。下部阳坡为高山松和油松林，阴坡和半阴坡或沟谷中分布有铁杉林与多种槭、桦形成的针阔混交林。上部的亚高山常绿针叶林，多为云、冷杉组成的纯林或混交林。它的上部有红杉林或圆柏林。

西南高山峡谷防护、用材林地区森林质量较高，树木高大稠密，平均每100平方米活立木蓄积量为16.8立方米。青海班玛林区每100平方米蓄积量为25.6立方米；察隅地区的云南松130年生林分，每100平方米蓄积量为66立方米；波密岗乡200年生的云杉林，平均树高57米，每100平方米蓄积量高达130多立方米。这种高蓄积量林分不仅为全国其他林区所罕见，而且在世界上也是少有的。这是本林区森林的一大特色。

在植物分布方面，随着海拔不同，其分布有明显的垂直带谱出现。西南高山峡谷防护、用材林地区内自下而上分布着：常绿阔叶林、常绿阔叶落叶混交林、针阔叶混交林、针叶林、高山灌丛草甸和滑石滩稀疏植被等多种林型。森林中的珍稀树种，既有四川红杉、金钱槭、香果树、连香树、水青树等我国特有的种类，又有铁杉、油樟、楠木、润楠、麦吊杉等重要经济用材树种。药用植物也很多，其中较为重要的有麻黄、天麻、黄连、竹节、三七、川党参、川贝母、大黄等。

川贝母

川贝母是百合科植物。为润肺止咳的名贵中药材，应用历史悠久，疗效卓著，驰名中外。川贝母主产四川、西藏、云南等省区。

西南高山峡谷防护、用材林地区的森林在大西南地区的生态系统中起着极其重要的作用。它既是四川盆地和云贵高原广大农区的绿色屏障，又是长江上游各支流及雅鲁藏布江、怒江、澜沧江等河流的天然蓄水库。保护和经营好本地区现有森林并尽可能地扩大森林面积，不仅关系到川、滇两省的工农业生产和国计民生，而且对长江中下游的农业与工业交通事业的发展，也有着重大关系。

华南热带林保护地区

华南热带林保护地区是我国唯一的分布热带森林的地区。本地区处于我国的最南部，包括闽、粤、桂沿海地区，桂西南、滇南丘陵山地以及台湾省、海南省的全部。在中国各个地区中，发展林业的水热条件以本地区最为优越，是发展热带珍贵用材林和经济林不可多得的好地方。本地区现有的热带森林，是我国热带植被和珍贵动植物保存较好的基因库，应加强保护，进一步发展。

本地区森林资源与其他林业地区相比，有许多明显的特点：

(1)我国稀有的热带雨林和季雨林都分布在本地区。林分构成复杂，分层不明显，树木种类繁多，仅乔灌木树种多达千种以上，这是其他任何一个林业地区所不能比拟的。典型的森林植被层次多达六七层，树冠参差不齐，具有亚洲热带雨林代表性的树种——望天树，高达五六十米，高出于众林冠之上，翘首望天，俯视林海。藤本植物和附生植物甚为发达，板根有明显发育，绞杀植物榕属及老茎生花现象普遍存在。藤本植物中的木质藤本巨大，有的直径达 1 米以上；榕树的板根，像一块块大板插入地内，独木可以形成一片树林。

(2)植物种类比其他地区都多。全区 7000 多种高等植物中，有大量特有种类，西双版纳有 300 多种，海南岛有 500 多种。在众多高等植物中，药用植物极为丰富，仅海南岛林区就有 1000 多种，相当于全国药用植物的 20%，是名副其实的药材宝库。其中，有不少属于抗癌植物，经过筛选的抗癌植物就有 137 种。

独木成林

(3)有相当面积的红树林。从广西、广东、海南到福建、台湾，在沿海地区分布有大片稠密的常绿灌木或乔木红树林。全地区林业用地面积1466万多公顷，占总面积的一半以上。其中，有林地面积为666万多公顷，占林业用地面积的51.6%。另有大量疏林和灌木林。全区森林蓄积量为6.1亿立方米。其中，林分蓄积量为5.7亿多立方米，占总蓄积量的94.1%，疏林蓄积量为2500多万立方米，散生林木蓄积量为1000多万立方米，人均占有蓄积量7.7立方米。

本地区内五个林区的森林资源情况各有不同。下面仅以滇南热带林，海南热带雨林和台湾经济林区三个林区为例，略加说明。

◎滇南热带林

滇南热带林保护区，北界西起盈江，向东经芒市、耿马、澜沧、江城、绿春、屏边、马关直到麻栗坡一线，南界为中国与缅甸、老挝、越南国境线，是云南省级林业区划的第八区。总面积为480万公顷。

滇南热带林保护区内林业用地面积为400万公顷，占全区总面积的81.7%。其中，有林地面积为120万公顷，约占林业用地面积的$\frac{1}{3}$。森林覆盖率为25.6%。另有大量疏林、灌木林和新造人工林。森林总蓄积量为1.5亿多立方米。在林业用地中，用材林面积占79%以上；防护林占3.9%；经济林占13.8%；薪炭林和特用林所占比重都很小。在用材林蓄积量中，成熟林蓄积量占87.7%，以阔叶树成熟林居多数，占成熟林蓄积量的87.5%。本区森林单位面积蓄积量较高，平均为135立方米多，成熟林为160立方米。

望天树

滇南热带林保护区用材林树种多，

主要树种有瓦山栲、多种木莲、润楠、刺栲、红木荷、印栲、樟类、云南松、云南龙脑香、毛坡垒、望天树、四属木、番龙眼、千果榄仁、麻楝、八宝树、榕树等。主要经济树种有橡胶、油棕、油茶等。主要药用和经济植物有田三七、砂仁、草果、肉桂、槟榔、八角、金鸡纳、安息香等。

知识小链接

肉　桂

肉桂亦称中国肉桂，樟科植物。树皮芳香，可作香料，味与产自斯里兰卡肉桂的桂皮相似，但较辣，不及桂皮鲜美，且较桂皮厚。

本区森林资源最具有代表性的是西双版纳自然保护区。在西双版纳自然保护区现有为数不多的热带原始森林里，蕴藏着丰富多彩的动植物物种资源，被国内外科学家誉为“动植物王国皇冠上的宝石”。从全区来说，植物资源中，高等植物约7000种以上，其中有少量特有植物。西双版纳自然保护区内特有植物达300种以上。

西双版纳自然保护区内的望天树，是亚洲热带雨林的代表。它是龙脑香科的高大乔木，居林冠最上层，平均树高50～60米，最高的达80多米。树干通直，材质优良。在望天树林中，多层重叠的树木充分地利用了阳光和土地，它们共同生活在这个森林大家庭里，创造出非常高的生物生产量，蕴藏着大量物种资源。

据科学家们估计，世界上的生物种类有300～1000万种，有$\frac{1}{3}$左右的物种生活在热带雨林中。因此，热带雨林不但是世界上最重要的陆地生态系统，同时也是世界上最重要的物种基因库。

◎海南热带雨林

海南热带雨林在我国最南部，范围包括海南岛和东沙、中沙、西沙、南沙四大群岛和黄岩岛等岛屿。其中，海南岛是中国第二大岛。

海南岛的热带天然林，是岛上陆地生态系统面积最大、结构最复杂、功能最稳定和生物产量最高的生态系统。它也是华南热带林保护地区的重点林区。

海南热带雨林区林业用地面积为133万多公顷（不包括农垦橡胶林地），占全区总面积的41.2%。其中，有林地面积为45万多公顷，占林业用地面积的32.6%，森林覆盖率为13.4%，林木蓄积量为5000多万立方米，林分蓄积量为4960.4万立方米。另有相当数量的疏林、灌木林和新造人工林。

海南热带雨林区现有森林的特点：一是天然热带林多，面积占86%，蓄积量约占97%；二是用材林多，面积占76.9%，蓄积量占98%；三是中龄林多，成熟林、幼龄林少。中龄林面积占55.4%，蓄积量占50%以上；成熟林面积占20%，蓄积量占45.7%；幼龄林面积占24.6%，蓄积量只占4.1%。

海南热带雨林区森林树种多不胜举。在众多的乔灌木树种中，乔木树种多达900多种，占全国乔木树种的28.6%。其中，属于商品材树种约有460种。属于常绿林的乔木树种主要有桂木、榕树、桃榄、青梅、幌伞枫、黄桐、海南韶子、见血封喉、假雀肾树和海南菜豆树、水石梓、枝花木奶果、蒲桃、山竹子、海南大同子、割舌罗等。

属于混交季雨林（半常绿或落叶）的乔木树种主要有青皮、光叶巴豆、半枫荷、鸡头、猫尾木、黄牛木、琼梅、木蝴蝶、槟榔青、合欢、各种檀木、木棉、鹊肾树等。

属于热带雨林的乔木树种主要有蝴蝶树、细子龙、青皮、坡垒、长柄梭罗木、海南加锡树、红椎、荷木、芬氏石栎、五裂木、山海棠、光叶杨桐、黄叶树、子京、油丹、油楠、陆均松、香楠、桢楠、谷木、荔枝、红豆树等。

海南岛尖峰岭热带原始森林自然保护区是我国最大的热带雨林保护区之一，是蕴藏着

趣味点击　见血封喉

见血封喉，又名箭毒木，桑科，见血封喉属植物。树高可达40米，春夏之际开花，秋季结出一个个小梨子一样的红色果实，成熟时变为紫黑色。这种果实味道极苦，含毒素，不能食用。印度、斯里兰卡、缅甸、越南、柬埔寨、马来西亚、印度尼西亚均有分布。树液剧毒，有强心作用。

无数美木良材的绿色宝库。

油　丹

人们一走进这热带原始森林，就感到这里的空气充满着特有的树脂香味，清香四溢，沁人心脾。薄雾像一条透明的沙带，环绕在山谷之间，轻轻飘荡。林下常年积存的枯枝落叶，富有弹性，如同海绵，人走在上面软绵绵的。举目四望，周围全是参天古树，一棵挨一棵，一层围一层，茫无边际。

每棵古树都很粗，树高一般都在20米以上，有的树干高达三四十米才分生枝丫。有的树干上缠绕着数不清的爬藤，最大的直径有碗口粗，长达100多米，从树根一圈一圈缠到树顶，然后又从树顶垂下来。有的树干上附生着各色各样的植物，有的寄生植物像长了草的“巢”，有的像奇形怪状的“盆栽”。几乎所有寄生植物都生长着各色各样的兰花，主要的有四五十种。寄兰一年四季开放，香满林区，它的花和叶形状几乎一样，花呈紫红色，叶呈青、蓝、白三色，是这个林区的兰花之王。有的树根系发达，板根像一块块木板露出地面一二米，呈辐射状从树干向周围突出。林内大小藤萝、草本、蕨类和地衣植物，不与其他高大植物争阳光，安分守己地甘居于林冠之下。

这个保护区珍贵木材树种很多，适用于造船和做高级家具的木材就有七八十种。那名贵的坡垒、子京、青梅、稠木，坚硬如铁，百年不腐，具有虫蛀不入、压不变形、入水不浮的特性，素有“绿色钢材”之称。南方特有的油丹、油楠、绿楠、黄檀、苦梓、花梨木等，有着天然的颜色、花纹和香味，用来做成家具，不上油漆，那天生的花纹极其美观，天工难夺，不但经久耐用，而且香味长存。

◎台湾经济林区

台湾经济林区，包括台湾本岛及其周围的全部岛屿。台湾岛是我国第一大岛。它位于中国大陆的东南，东临太平洋，西连台湾海峡，北接东海，南至南海。台湾省总面积约360万公顷。

全区林业用地面积186万多公顷，占总土地面积的52%。台湾经济林分为生产林地（其中包括针叶林、针阔混交林、阔叶林和竹林）和非生产林地两种。生产林地面积为180万公顷，占有林地面积的95.8%，其中，针叶林占23.24%，针阔混交林占8.76%，阔叶林占60.55%，竹林占7.45%。

在生产林中，成、过熟林面积占76%，蓄积量占98%。其中，阔叶林蓄积量占58%以上，桧木、铁杉、槠栎类各占13%。

铁 杉

铁杉，乔木，高达50米，胸径1.6米；冠塔形，大枝平展，枝梢下垂；树皮暗灰色，纵裂，成块状脱落；冬芽卵圆或球形；1年生枝细，淡黄、淡褐黄或淡灰黄色；叶条形，叶枕凹槽内有短毛。花期4月，球果当年10月成熟。铁杉干直冠大，巍然挺拔，枝叶茂密整齐，壮丽可观，可用于营造风景林及作孤植树等用。

台湾经济林的一个很大特点是，树木高大粗壮，胸径达100厘米以上的占蓄积量20%。单位面积蓄积量和生长量都较高。生产林地平均每亩蓄积量为12立方米多，最高达50立方米。每亩年生长量为0.41立方米，最高年生长量为0.85立方米，年净生长率为2.57%，全省健全林木的生长率达3.38%，其中阔叶林为4.72%。针叶林除柳杉、杉木及松树等主要人工造林树种生长率较高外，其余天然林多系成熟林，生长率较低，约1%。

台湾省的森林资源丰富，植物种类繁多，从热带雨林的榕树到寒带森林的台湾冷杉均有分布。但是，由于长期不合理采伐，森林遭到严重破坏。台湾山势陡峭，岩石风化强烈，若无森林，则蓄水、保土、防风皆无所恃。遇狂风暴雨，山洪猛涨，淹没耕地，顿成巨灾。可以说，台湾省的森林是全岛的命脉，没有大面积的山地森林，便没有发达的平原农业。

森林资源现状与保护

本章从介绍森林资源的基本知识、森林资源保护与利用的历史和现状及趋势入手，着重论述了森林资源保护的基本原理与技术等。森林结构复杂、物种丰富、功能稳定，对维护和改善全球生态与环境起着决定性作用。森林同时是人类生存与发展的重要物质基础，经济社会不可或缺的自然资源。可持续发展是人类共同的永恒的主题。经济的可持续发展，首先是自然资源和环境的可持续发展，森林资源肩负着经济发展与环境保护的双重使命。读完本章后，我们将会树立一种全新的环境保护理念。

森林资源分布情况

森林资源是林地及其所生长的森林有机体的总称。这里指以林木资源为主，还包括林下植物、野生动物、土壤微生物等资源。林地包括乔木林地、疏林地、灌木林地、林中空地、采伐迹地、火烧迹地、苗圃地和国家规划宜林地。森林可以更新，属于可再生的自然资源。反映森林资源数量的主要指标是森林面积和森林蓄积量。森林资源是地球上最重要的资源之一，是生物多样化的基础。它不仅能够为生产和生活提供多种宝贵的木材和原材料，能够为人类经济生活提供多种食品，更重要的是森林能够调节气候、保持水土、防止和减轻旱涝、风沙、冰雹等自然灾害，还有净化空气、消除噪音等功能；同时，森林还是天然的动植物园，哺育着各种飞禽走兽和生长着多种珍贵林木和药材。

知识小链接

旱涝

旱灾指因气候严酷或不正常的干旱而形成的气象灾害。一般指因土壤水分不足，农作物水分平衡遭到破坏而减产或歉收从而带来粮食问题。涝灾指由于本地降水过多，地面径流不能及时排除，农田积水超过作物耐淹能力，造成农业减产的灾害。洪灾造成农作物减产的原因是，积水深度过大，时间过长，使土壤中的空气相继排出，造成作物根部氧气不足，根系部呼吸困难，并产生乙醇等有毒有害物质，从而影响作物生长，甚至造成作物死亡。

据2005年全球森林资源评估结果，2005年全球森林面积39.52亿公顷，占陆地面积（不含内陆水域）的30.3%，人均森林面积0.62公顷，单位面积蓄积110立方米。全球森林主要集中在南美洲、俄罗斯、中部非洲和东南亚等地区。这四个地区占有全世界60%的森林，其中尤以俄罗斯、巴西、印度尼西亚和刚果（金）为多，四国拥有全球40%的森林。

联合国环境规划署报告称，有史以来全球森林已减少了一半，主要原因是人类活动。根据联合国粮农组织 2001 年的报告，全球森林从 1990 年到 2000 年每年消失的森林近千万公顷。虽然从 1990 年至 2000 年的 10 年间，人工林年均增加了 310 万公顷，但热带和非热带天然林却年均减少 1250 万公顷。

南美洲共拥有全球 21% 的森林和 45% 的世界热带森林。仅巴西一国就占有世界热带森林的 30%，该国每年丧失的森林高达 230 万公顷。根据世界粮农组织报告，巴西仅 2000 年就生产了 1.03 亿立方米的原木。

又据世界粮农组织报告，俄罗斯 2000 年时拥有 8.5 亿公顷森林，占全球总量的 22%，占全世界温带林的 43%。俄罗斯 20 世纪 90 年代的森林面积保持稳定，几乎没有变化，2000 年生产工业用原木 1.05 亿立方米。

中部非洲共拥有全球森林的 8%、全球热带森林的 16%。1990 年森林总面积达 3.3 亿公顷，2000 年森林总面积 3.11 亿公顷，10 年间年均减少 190 万公顷。

东南亚拥有世界热带森林的 10%。1990 年森林面积为 2.35 亿公顷，2000 年森林面积为 2.12 亿公顷，10 年间年均减少面积 233 万公顷。与世界其他地区相比，该地区的森林资源消失速度更快。

我国森林资源分布不均匀，主要分布在东北和西南。森林质量不高，林龄结构以幼龄林、中龄林和人工林为主。

截至 1993 年，我国森林覆盖率达 13.92%；活立木蓄积量 117.85 亿立方米，森林蓄积量 101.37 亿立方米，居世界第五位。

到 1995 年 6 月，全国森林面积累计达 1.34 亿公顷，其中人工造林保存面积为 3300 多万公顷，居世界首位。

1998 年 3 月，据世界粮农组织公布的世界森林资源评估报告结果，我国森林面积 1.34 亿公顷，占世界森林总面积的 3.9%，居世界第五位，我国人均森林面积仅列第 119 位。我国森林总蓄积 97.8 亿立方米，占世界森林总蓄积量的 2.5%，列世界第八位。世界人均拥有森林蓄积量为 71.8 立方米，而我国人均拥有森林蓄积量仅为 8.6 立方米。

2001 年 3 月 12 日，中国绿化委员会发布的第一份《中国国土绿化状况公

报》显示，目前，中国人工造林保存面积已达4666.7万公顷，发展速度和规模均居世界第一位。中国森林面积已达1.58亿公顷，森林覆盖率提高到16.55%。到2003年底，中国森林覆盖面积1.5894亿公顷，占全国总面积15.6%。

过度开发森林资源的危害

森林资源减少受诸多因素的影响，比如人口增加、当地环境因素、政府发展农业开发土地的政策等。此外，森林火灾损失亦不可低估。但导致森林资源减少最主要的因素则是开发森林生产木材及林产品。由于消费国大量消耗木材及林产品，因而全球森林面积的减少不仅仅是某一个国家的内部问题，它已成为一个全球问题。毫无疑问，发达国家是木材消耗最大的群体。当然，一部分发展中国家对木材的消耗亦不可忽视。非法砍伐森林是导致森林锐减的另一个十分重要的因素。据世界粮农组织2002年报告，全球四大木材生产国（俄罗斯、巴西、印度尼西亚和民主刚果）所生产的木材有相当比重来自非法砍伐。

森林滥伐是世界各地都存在的普遍现象，在今后相当长的一段时间内难以根本改善。历史上地球的森林总面积达76亿公顷，19世纪减少到55亿公顷，1980年则减少到43.2亿公顷。目前，全世界每年损失森林面积1800万至2000万公顷。如果这种毁灭性的砍伐不加制止，不到2200年，全世界的森林将丧失殆尽。

触目惊心的乱砍滥伐现象

森林滥伐在不同地区不同时期表现得特别明显，所造成的影响也特别严重。全世界热带雨林的40%已经被毁，热带雨林是世界上动植物种类最丰富、组成结构最复杂的生态系统，它的破坏对全球环境造成极为恶劣的影响。非洲撒哈拉地区是全球著名的干旱带，生态结构十分脆弱，而当地的毁林与造林之比为 29∶1，作为生态系统主体的森林被破坏，使整个撒哈拉地区的生态环境加速恶化。包括阿拉斯加以南的北美洲最大的温带针叶林，正在迅速消失，其速度甚至比南美洲的热带雨林消失得还要快，严重地威胁着当地的一些特有的鸟类、两栖类和珍花异草的生存。2005 年，埃塞俄比亚一地方通讯社报道说，在埃塞俄比亚首都亚的斯亚贝巴以南约 500 千米的索罗地区，由于森林遭到过度砍伐，吉布河谷甚至闹起了旱灾，狮子所赖以生存的栖息地遭到破坏，一群狮子走出森林，频频袭击当地农民和他们饲养的牲畜，甚至闯进村落吃人。可见森林过度砍伐是酿成狮子吃人悲剧的根源。

森林破坏不仅造成巨大的直接损失，更为严重的是能产生严重的环境恶果。它首先可使自然灾害在更大的范围内更加频繁地发生。在大江大河的中上游地区，森林被砍伐，使陡峭坡地上没有保护的表土加速侵蚀，水库淤塞，昂贵的水力发电站工程的使用年限大大缩短。同时引起下游地区的洪水泛滥。近几年来，孟加拉国、印度、苏丹、泰国等国相继发生严重的洪灾，给灾区人民的生命财产及经济建设造成严重的损失。

趣味点击　撒哈拉沙漠

撒哈拉沙漠是世界上最大的沙漠。撒哈拉沙漠北起非洲北部的阿特拉斯山脉，南至苏丹草原带，宽 1300～2200 千米；西自大西洋边，东达红海沿岸，长 4800 千米，面积达 900 多万平方千米，是仅次于南极洲的世界第一大荒漠，是世界上最大的沙质荒漠。它位于非洲北部，气候条件非常恶劣，是世界上最不适合生物生存的地方之一。

森林锐减也能引起干旱或导致干旱加剧。干旱化目前严重限制着许多国家和地区的经济发展。它造成粮食减产，威胁着千百万人民的生命。非洲大陆的森林目前已减少一半，使长达十几年的干旱更加严重。干旱使 20 多个国

家出现饥荒，夺去了上百万人的生命，成千上万的人背井离乡，1.5 亿人的日常生活受到威胁。

森林破坏导致了土地沙化的进程加快。土地沙化的迅速扩展更导致了生态环境的恶化，威胁着人们的生存和发展的空间。内蒙古的阿拉善盟是 2000 年多次沙尘暴的沙源地。200 多年前，这里曾是英雄的土尔扈特部浴血东归之后的生息地，这里曾有湍流不息的居延海和水草丰美的绿洲。然而，如今在土地沙化的长期作用下，这里成了 9 万多平方千米的戈壁、8 万多平方千米的沙漠。内蒙古呼伦贝尔盟和黑龙江西部松嫩平原草原曾经都是水草丰美的牧场。现在草原的退化和萎缩却日益成为困扰这两个地区的头号问题。如今，呼伦贝尔盟全盟共退化草原面积达 500000 多万平方米，占全盟可利用草原面积的 30% 。草原退化给当地自然生态环境带来严重影响，优良牧草消失，低劣杂草大量侵入，草场质量变劣，裸地增加，土壤蒸发量增大，致使小气候旱化，鼠害大量发生。从森林到草原，从乡村到城市，我们无不听到绿色的呼救。随着人类将斧头伸向森林，人类也把斧头伸向了自己。当人们向草原迈出掠夺的脚步时，人们也把自己引上了灾害之路。

森林是大气中二氧化碳的重要吸收者，森林的减少无疑会减少二氧化碳的吸收，促使温室效应更加明显，全球变暖加快。据研究，20 世纪 80 年代的 10 年里，因森林减少使大气中增加的二氧化碳达 16 亿多吨。由于气温上升，一些地区容易出现极端性的天气现象，干旱洪涝、季节性风暴等灾害将有所增加，森林火灾及病虫害更加频繁发生。如 1990 年 1 月，澳大利亚西南部遭到气温高达 43℃ 的热浪袭击，引起大

拓展阅读

沙尘暴

沙尘暴是沙暴和尘暴两者兼有的总称，是指强风把地面大量沙尘物质吹起并卷入空中，使空气特别混浊，水平能见度小于一千米的严重风沙天气现象。其中沙暴系指大风把大量沙粒吹入近地层所形成的挟沙风暴；尘暴则是大风把大量尘埃及其他细粒物质卷入高空所形成的风暴。

面积的丛林火灾。

森林锐减严重威胁着地球生物的多样性。生物多样性就是地球上存在的所有动物、植物和微生物，它们每个个体所拥有的基因以及由此形成的错综复杂的生态系统。通常包括物种多样性、遗传多样性和生态多样性三层含义。随着森林锐减和土地被人类开发，世界上大部分地区的野生生物已经锐减。估计地球上有500万~1000万个动植物物种，其中大约160万个物种是已知的（即指经过科学鉴定，已被分类命名的物种）。由于人类活动造成的环境恶化，20世纪末已经有将近20%的物种灭绝。如果按目前的破坏速度继续下去，那么在50年的时间里，一半以上的物种将要消失，这将是一个不可估量的损失。

保护森林资源的措施

◎ 缔结国际森林公约

众所周知，森林在地球陆地生态系统中的巨大作用是不言而喻的。然而，国际社会对森林的重视程度特别是在政治上却远远不够。虽然自1992年在联合国环境与发展大会上签署《森林问题原则声明》以来，在联合国可持续发展委员会下分别于1994和1997年成立了政府间森林工作组和政府间森林论坛，2000年联合国成立了联合国森林论坛，但成效十分有限。缔结森林公约既可唤醒各国人民更加珍惜弥足珍贵的森林资源，加倍爱护森林爱护树木，又可强化各国对林业工作的重视，加大对林业的投资，促进发达国家向发展中国家提供先进的林业技术等。同时它还可利用国际立法的方式来规范林业活动特别是伐木行为，以拯救日益减少的森林资源。

◎ 改变生产和消费方式

森林虽具可再生特点，但也经不起人类的大肆掠夺。多年来，森林资源锐减的一个重要原因即是发达国家与可持续发展相悖的生产和消费方式。发

达国家是国际木材市场的最大买家，亦即最大的消费源；如果按人均计算，发达国家更高出发展中国家的若干倍。当然，发展中国家也有必要逐渐改变非持续的生产与消费方式。比如，发达国家使用、发展中国家生产的一次性筷子消费现象每天就消耗掉无以数计的木材。

多管齐下是拯救森林资源必不可少的措施。一要立法执法，大力植树造林和保护森林资源：严格控制林木砍伐量，杜绝非法伐木行为。二要规范国际木材交易行为，在国际和国家两个层次上建立木材认证和标识制度，从而达到国际市场交易的任何木材均是出自可持续经营的森林的目标。三要开发研究木材产品的替代品，这样也可减少森林的消耗，从而达到有效保护森林资源的目的。

中国六大林业工程

“十五”计划期间（2001—2005），我国投入7000亿资金实施林业六大工程，如今已结出丰硕成果。“十五”计划末期，我国森林覆盖率显著上升，生态建设已经从“治理小于破坏”进入“治理与破坏相持”阶段。

◎ 天然林资源保护工程

天然林资源保护工程主要是解决天然林的休养生息和恢复发展问题，实现林区生态建设与经济、社会的协调发展。2004年，天然林资源保护工程建设进展顺利。长江上游、黄河上中游工程区，在工程实施初期已全面停止了天然林的商品性采伐，东北、内蒙古等重点国有林区木材减产任务已按规划于2003年调减到位。工程区森林资源得到切实管护，林区经济、社会发展呈现新的生机和活力。

◎ 退耕还林工程

2004年，国家对退耕还林任务进行了结构性、适应性调整，按照“巩固成果，确保质量，完善政策，稳步推进”的总体要求，狠抓规范管理、政策落实和后续产业发展等方面，退耕还林工程稳步推进。

◎ 京津风沙源治理工程

为促进工程区生态建设与后续产业的协调发展，为工程建设长久发挥效益创造条件，国家林业局颁发了《关于加快京津风沙源治理工程区沙产业发展的指导意见》。

◎ “三北” 及长江流域等防护林体系建设工程

“三北”及长江流域等防护林体系建设工程是我国涵盖面最大的防护林体系建设工程，由“三北”防护林四期、长江流域防护林二期、沿海防护林二期、珠江流域防护林二期、平原绿化二期和太行山绿化二期 6 个工程组成。主要目的是解决“三北”地区的防沙治沙问题和其他区域的生态问题。

◎ 野生动植物保护及自然保护区建设工程

2004 年，全国新建自然保护区 134 处，新增保护面积 87 万公顷，全国林业系统建立和管理的自然保护区达到 1672 个，总面积达 1. 19 亿公顷，占国土陆地面积的 12. 40% ，比 2003 年提高 0. 1% 。

◎ 重点地区速生丰产用材林基地建设工程

重点地区速生丰产用材林基地建设工程，是一项兼具生态功能的林业产业基础工程。2004 年 2 月，国家林业局与国家开发银行正式签订了《开发性金融合作协议》并联合召开了“推进林业项目开发评审工作会议”，国家开发银行在 2004 年至 2005 年提供总量为 80 亿元的贷款，用于林业产业重点项目的建设。截至 2004 年底，国家开发银行已承诺速生丰产林项目贷款 10. 27 亿元，探索了银企合作模式、实质性地推进了速生丰产林工程项目的进展。

全面启动和实施六大林业重点工程，是我国高度重视生态建设的重大战略举措，是盛世兴林的重要标志。

天然林保护、退耕还林、京津风沙源治理、“三北”和长江流域等重点防护林体系建设、野生动植物保护及自然保护区建设以及重点地区速生丰产用材林基地建设这六大林业重点工程，建设范围涉及我国 97% 以上的行政县，总投资将超过数千亿元，被国际社会誉为“中国林海中的一盏明灯”。它将引领中国林业实现由以木材生产为主向以生态建设为主的历史性转变，加快实现中国林业的跨越式发展，为把我国建设成为山川秀美、生态和谐、可持续发展的社会主义现代化国家留下浓彩重抹的一笔。

天然林保护工程有序推进

新中国成立以来相继开发的东北、内蒙古国有林区和西南、西北国有林区，在为国民经济发展作出巨大贡献的同时，天然林资源也急剧减少。国家从 1998 年开始试点、2000 年全面启动天然林保护工程，就是要全面停止长江上游、黄河上中游天然林采伐，减少东北、内蒙古等重点国有林区天然林采伐量，让天然林得到休养生息。

贷　款

贷款是银行或其他金融机构按一定利率和必须归还等条件出借货币资金的一种信用活动形式。广义的贷款指贷款、贴现、透支等出贷资金的总称。银行通过贷款的方式将所集中的货币和货币资金投放出去，可以满足社会扩大再生产对补充资金的需要，促进经济的发展；同时，银行也可以由此取得贷款利息收入，增加银行自身的积累。

天然林保护工程实施以来，成绩巨大，变化可喜。长江上游、黄河上中游地区 13 个省（区、市）2000 年已全面停止天然林商品性采伐；东北、内蒙古等重点国有林区年木材产量由 1997 年 1853 万立方米调减到 2003 年的 1102 万立方米；整个工程区实现了每年减少木材产量 1990. 5 万立方米的目标。6 年多来，累计减少森林资源消耗 3. 2 亿立方米，相当于“十五”计划期间减少两年多的全国商品材限额消耗；建设生态公益林，有效地管护了工程区内的森林。

天然林保护工程建设使天然林资源过度消耗的势头得到了初步控制，工程区森林资源开始增加，生态状况开始改善。据对 44 个天然林保护工程样本县和 32 个样本森工企业开展的效益监测，自 1997 年到 2003 年，44 个县有林地面积从 468. 44 万公顷增加到 516 万公顷，6 年增长 10. 15%；32 个森工企业有林地面积从 787. 1 万公顷增加到 827. 1 万公顷，期间增长 5. 1%。2003 年

44个县森林蓄积量比1997年增加3366.2万立方米，6年增长9.57%。32个森工企业森林蓄积量由1997年的66778.7万立方米增加到79556.7万立方米，6年增长19.13%。

据统计，东北、内蒙古重点国有林区的森林覆盖率已比第五次森林资源清查提高5.58%，森林面积和蓄积分别增加1691万亩、4000万立方米。据对长江上游、黄河上中游22个县抽样调查，水土流失面积与工程实施前相比下降了5.99%。

通过实施天然林保护工程，部分重点国有林区的天然林生态功能退化趋势得到了扭转，局部地区生态状况明显改善，林区开始重现生机和活力。

退耕还林缓解水土流失和土地沙化

退耕还林工程是我国林业建设史上群众参与度最高的生态建设工程。自1999年试点实施以来，在我国25个省（区、市）和新疆生产建设兵团展开，工程区新绿喜人，已经开始有效缓解我国的水土流失和土地沙化，有2000多万农户9700多万退耕农民开始从工程建设中受益。

趣味点击　森林覆盖率

森林覆盖率亦称森林覆被率，指一个国家或地区森林面积占土地面积的百分比，是反映一个国家或地区森林面积占有情况或森林资源丰富程度及实现绿化程度的指标，又是确定森林经营和开发利用方针的重要依据之一。

水土流失和土地沙化是我国面临的最严重的生态挑战之一。退耕还林工程意在通过扩大林草植被，从根本上解决我国的水土流失和土地沙化问题，为我国经济社会可持续发展奠定坚实的基础。为保证工程建设健康稳步推进，我国先后下发《关于进一步做好退耕还林还草试点工作的若干意见》《关于进一步完善退耕还林政策措施的若干意见》，并适时颁布实施《退耕还林条例》，使退耕还林工作走上了法制化轨道。

据统计，退耕还林工程实施5年多来，已累计完成1332.58万公顷造林

任务，其中退耕地造林643.65万公顷，配套荒山荒地造林688.93万公顷。工程营造生态林的比重达到80%以上。

实施退耕还林工程大大加快了我国生态建设步伐，工程区林草覆盖率平均增加2%以上。据观测，1997年以来，较早实施退耕还林工程的陕西省延安市和榆林市，裸地及低覆盖度的面积减少了7.81%，中高覆盖度植被增加了8.45%，一些地方开始呈现山川秀美的景象。

退耕还林使我国的长江、黄河等流域严重的水土流失状况开始得到缓解。据监测，仅四川省境内1999年以来输入长江的泥沙量就减少了5.6亿吨。四川农业大学观测结果表明，退耕地还林2年到3年后的径流含沙量，比同一地区农耕地减少22%～24%。据四川省洪雅县监测，该县2003年退耕还林地块比退耕还林前的1999年地块减少了泥沙流失，增加了蓄水。

土地沙化严重的地方实施退耕还林工程后，沙化趋势开始得到遏制。据对16个退耕还林样本县效益监测，2003年沙化土地面积比1998年减少42万公顷，工程实施5年多来共下降24.01%。

基本小知识

土地沙化

土地沙化是指因气候变化和人类活动所导致的天然沙漠扩张和沙质土壤上植被破坏、沙土裸露的过程。防沙治沙法所称土地沙化，是指主要因人类不合理活动所导致的天然沙漠扩张和沙化。

2003年，中国国际工程咨询公司组织专家对退耕还林工程进行的中期评估认为，我国关于退耕还林的决策正确，各项政策优惠、具体，贯彻落实较好，干部拥护，农民满意；各项制度严格，各级领导重视，工程进展顺利并已初见成效。

京津风沙源治理初步遏制北京周边土地沙化

京津风沙源治理工程是从北京所处位置特殊性及改善北京周围地区生态的紧迫性出发实施的重点生态工程，主要解决北京周围地区风沙危害问题。

京津风沙源治理工程主要通过实施退耕还林、禁牧舍饲、轮牧休牧、生态移民等措施实现工程目标。

京津风沙源治理工程建设，有效地改善了北京及周边地区生态状况。据监测，2003 年底 19 个样本县（旗）沙化土地面积、沙化耕地面积和沙化草场面积分别比 2000 年减少了 43.69 万公顷、26.54 万公顷和 8.28 万公顷，4 年减幅分别为 16.08%、26.77% 和 5.05%；受风沙危害的乡镇数由 2000 年的 259 个减少到 2003 年的 227 个，受风沙危害的农牧民人数由 2000 年的 296.03 万人减少到 2003 年的 278.72 万人。

拓展阅读

颗粒物

颗粒物是指大气中的固体或液体颗粒状物质。颗粒物可分为一次颗粒物和二次颗粒物。一次颗粒物是由天然污染源和人为污染源释放到大气中直接造成污染的颗粒物，例如土壤粒子、海盐粒子、燃烧烟尘等。二次颗粒物是由大气中某些污染气体组成成分之间，或这些组成成分与大气中的正常组成成分之间通过光化学氧化反应、催化氧化反应或其他化学反应转化生成的颗粒物，例如二氧化硫转化生成硫酸盐。

工程实施以来，工程区林草植被盖度与 2000 年相比提高约 20%，生态状况开始整体好转，部分地区明显改善；土地沙化趋势得到初步遏制，沙尘天气逐年减少，北京市区可吸入颗粒物减少 7.8%；泥沙侵蚀状况得到改善，密云水库近 4 年泥沙输入量减少了 10 万多吨。

“三北”和长江流域等重点流域防护林工程建设步伐加快

“三北”和长江流域等重点防护林体系建设工程，是我国涵盖面最大的防护林体系建设工程，囊括了“三北”地区、沿海、珠江、淮河、太行山、平原地区和洞庭湖、鄱阳湖、长江中下游地区的防护林建设。工程由“三北”四期和长江、沿海、珠江、太行山和平原绿化二期 6 个单项防护林工程组成。

被称为我国北方绿色万里长城的“三北”工程，在已完成造林基础上，工程四期建设纳入六大工程，并把防沙治沙放在了突出位置，加大了封育比

重，实行以灌木为主、乔灌草结合的林种树种结构。同时创新机制，鼓励非公有制经济主体积极参与工程建设，发展势头十分强劲。2003 年“三北”四期工程完成造林 27.53 万公顷，营造防护林的比重达到 86.29%，年末实有封山育林面积 116.43 万公顷。自 2001 年实施以来，“三北”四期工程已累计治理沙化土地 1.95 亿亩，完成造林面积 2108 万亩，封山育林 1650 万亩。

目前，“三北”工程区森林蓄积量已由 1977 年的 7.2 亿立方米增加到近 10 亿立方米。工程区内 20% 沙化土地、黄土高原 40% 水土流失面积得到初步治理，65% 的农田实现林网化，使 2130 万公顷农田得到了有效保护。

“三北”工程建设初步遏制了我国北方一些地区的风沙侵害，改善了生态环境和生产条件。据中国国际工程咨询公司评估报告，“三北”工程使“三北”地区年均增产粮食 1107 万吨。

长江等防护林二期工程纳入六大工程前也已完成 3.4 亿亩建设任务。列入六大工程后，重点完善建设模式、管理办法、技术规程和科技支撑，积极探索体制机制的创新，呈现出了新的生机和活力。据统计，二期工程实施 3 年多来，共完成营造林 227.89 万公顷，低效防护林改造 16.6 万公顷，封山育林面积 119.48 万公顷。

长江等防护林二期工程建设加快了国土绿化进程，使工程区森林覆盖率明显提高，抗灾减灾能力不断增强，生态恶化的趋势有所减缓。工程区粮食单产提高了 5% ~15%。目前，工程建设正朝着结构布局合理、多功能、多效益的防护林体系迈进。

野生动植物保护及自然保护区建设使国家珍贵自然遗产得到有效保护

我国野外大熊猫已从前些年的 1110 多只上升到目前的 1590 多只，分布范围有所扩大，栖息环境有所改善。大熊猫保护事业卓有成效，正是近年来我国保护事业特别是工程建设取得成就的一个缩影。

我国实施野生动植物保护和自然保护区建设工程，将野生动植物和湿地保护纳入全面协调可持续发展的战略，作为国家建设的重点予以加强，野生动植物和湿地保护事业有了很大发展。据统计，工程实施 3 年多来，已新建自然保护区 600 多个，相当于过去 50 年建设数量的$\frac{2}{3}$。截至 2003 年底，我国林业系统已建自然保护区 1538 个，占国土面积 12.3%，有效地保护了我国 40% 的自然湿地、300 多种重点保护野生动物的主要栖息地和 130 多种重点保护野生植物的主要分布地，主要野生动物栖息地、野生植物分布地和湿地得到了较好的保护。

工程实施后，我国珍稀物种拯救成效显著。全国现已建立野生动物拯救繁育基地 250 多处，野生植物特有物种资源保育或基因保存中心 400 多处，已对珍稀濒危的 200 多种野生动物、上千种野生植物建立了稳定的人工种群，有的物种已成功回归大自然，尤其是大熊猫、朱鹮、扬子鳄、藏羚羊和红豆杉、苏铁等极度濒危物种种群不断扩大。目前，国家林业局正在大力加强野外资源保护，发展资源人工培育，促进由以利用野生资源为主向以培育利用人工资源为主转变，努力使 90% 国家重点保护野生动植物主要栖息地、分布地和 90% 典型生态系统类型得到有效保护。

重点地区速生丰产林基地建设保障国家木材需求推动生态建设提速

为缓解我国经济快速发展对森林资源构成的压力，国家实施重点地区速生丰产用材林基地建设工程，致力解决我国木材和林产品供应问题。

速生丰产林工程是一项兼具生态功能的林业产业基础工程，被誉为增强我国林业实力的“希望工程”。目前，工程建设顺利推进，为推动我国林业由以采伐天然林为主向以采伐人工林为主转变、最终实现国内木材供需基本平衡奠定了基础。

实施六大工程，体现了国家加快生态建设的坚定决心，体现了中华民族建设生态文明的现实需要。据统计，六大工程自 1998 年陆续试点实施以来，已累计完成造林面积 2009.75 万公顷，累计完成投资 946.7 亿元，工程区生态状况得到初步改善。

六大工程被视为中国林业建设的“航空母舰”，是盛世兴林的重要载体。有了六大工程，有了务林人的丰富实践，中国林业就会有光明灿烂的未来，盛世兴林就会成果丰硕。

世界著名森林

当看到皑皑大雪中的黑森林，我们惊叹如此朴素的黑白世界；当行走在“欧洲最美丽的散步场所”，我们顿悟诗意与生活的统一，“仙踪之旅”最后在三国交界的博登湖画上句号，那是阿尔卑斯山最美的一滴眼泪。而位于南美洲的亚马孙雨林不仅是高大无比的树木、色彩鲜艳的鸟类和灿烂夺目的花朵的家园，更是风俗各异的民族的神秘部落所在地。美丽的大森林遍布世界各地，有着人们向往的自由自在的生活，在这里，人们能与大自然和谐共处、相得益彰。

维也纳森林

维也纳森林

环抱维也纳的维也纳森林是大自然赐给维也纳的一份礼物。但几个世纪以来，它也凝聚了人们的辛勤劳动。这是一片保持原始风貌的天然林，主要由混合林和丘陵草地组成，共 1250 平方千米，一部分伸入维也纳市。维也纳森林旁倚美伦河谷，水清林碧，给这座古城增添了无比的妩媚。同时，维也纳森林还对洁净空气起着重要作用，拥有“城市的肺”的美誉。

森林里有许多清澈的小溪、温泉古堡以及中世纪建筑的遗址，但最吸引人的则是一些美丽而幽静的小村庄。几个世纪以来，许多音乐家、诗人、画家在此度过漫长的时光，产生不少名扬后世的不朽之作。“圆舞曲之王”约翰·施特劳斯的外祖父在维也纳森林中的扎尔曼村有一所爬满青藤的乡间小舍，约翰·施特劳斯就是在这里度过了他的青少年时光。自 1829 年起，他常在维也纳森林中度夏。森林中百鸟的啼鸣、泉水的鸣

趣味点击　维也纳

维也纳是奥地利的首都，同时也是奥地利的 9 个联邦州之一，是奥地利最大的城市和政治中心，位于多瑙河畔。维也纳约有 170 万人口，在欧盟城市中居于第 10 位。维也纳是联合国的四个官方驻地之一，除此之外维也纳也是石油输出国组织、欧洲安全与合作组织和国际原子能机构的总部以及其他国际机构的所在地。

咽、微风的低吟、空气的芬芳、马车的得得声都激发了他创作的灵感。他的《维也纳森林的故事》圆舞曲就这样诞生了。

德国黑森林

黑森林，又称条顿森林，位于德国西南巴符州山区，南北长约 160 千米，由于森林茂密，远看一片黑压压的，因此得名。它是德国中等山脉中最具吸引力的地方，这里到处是参天笔直的杉树，林山总面积约 6000 平方千米。黑森林是多瑙河与内卡河的发源地。山势陡峭、风景如画的金齐希峡谷将山腰劈为南北两段，北部为砂岩地，森林茂密，地势高峻，气候寒冷。南部地势较低，土壤肥沃，山谷内气候适中。

金齐希峡谷沿途的深山湖泊、幽谷水坝、原始景观、高架渡桥深深地吸引着人们的兴趣。以浓重的冷杉树为主的拜尔斯布龙林区占地 16 万公顷，是德国最大的林场。浓密的树林、湿润的空气、一流的疗养设施，使之成为德国最大的疗养中心。

海拔 1493 米的费尔德贝格峰是黑森林山脉的最高峰。站在高山之上极目远望，绿色的莱茵平原、瑞士西部美景和法国的斯特拉斯堡大教堂尽收眼底。

黑森林

黑森林是德国最大的森林山脉，位于德国西南部的巴登－符腾堡州。黑森林的西边和南边是莱茵河谷，最高峰是海拔 1493 米的费尔德贝格峰。

黑森林根据树林分布稠密程度分为北部黑森林、中部黑森林和南部黑森林三部分。

北部黑森林，从巴登－巴登到弗罗伊登施塔特。北部黑森林最为茂密，分布着大片由松树和杉树构成的原始森林，因为树叶颜色深并且树林分布密，远远望去呈现浓重的墨绿色。森林中还有些小湖。

中部黑森林，从弗罗伊登施塔特到弗赖堡。中部黑森林汇集了德国南部

传统风格的木制农舍建筑。

南部黑森林，从弗赖堡到德国和瑞士的边境。树林不再相连成一大片，风光逐渐接近瑞士，山间的草地逐渐增多，树林间的山坡被开辟成草地牧场。

俄罗斯大森林

俄罗斯是世界森林资源最丰富的国家。俄罗斯国土面积位居世界第一，其中一半以上为森林或其他林地。

俄罗斯森林储量居世界第一，约占世界森林总储量的$\frac{1}{4}$，约820亿立方米。它的森林采伐量位居世界第四，仅次于美国、加拿大和巴西，为1.84亿立方米，约占世界需求的6%。

俄罗斯自然保护区中有35个国家公园（690万公顷）、65个联邦自然保护区（1280万公顷）和45个地区自然保护区（4500万公顷）位于森林中。俄罗斯人工林超过1700万公顷，森林面积相对稳定。

俄罗斯森林资源主要分布在西伯利亚地区、西北和远东各联邦区。其中，乌拉尔山脉以东广袤的亚洲地区，即西伯利亚和远东地区的森林储量占俄罗斯森林总储量的60%。该地区幅员辽阔、人口稀少，是俄罗斯，也是世界上森林资源最丰富的地区之一。

俄罗斯主要林区分布情况

地区	森林总面积（万公顷）	森林覆盖面积（万公顷）	木材储量（百万立方米）
俄罗斯全国	116704.9	75608.8	79831.3
远东地区	50718.2	28055.2	21257.8
东西伯利亚	31538.3	23446.4	29314.5
西西伯利亚	15061.7	9009.5	10794.1
乌拉尔地区	4208.8	3575.3	4850.1

（续表）

中央区	2224.9	2032.9	3041.5
伏尔加－维亚特卡地区	1458.7	1330.9	1787.1
西北地区	1267.2	1038.8	1625.2
伏尔加河流域地区	575.0	477.3	572.2
北高加索地区	448.8	366.4	579.6
中央黑土地地区	167.8	146.9	181.3
加里宁格勒州	38.6	26.7	39.4

俄罗斯的针叶树种比例占有绝对优势，占总立木蓄积量的80%，主要分布在远东和西伯利亚地区。

俄罗斯大部分森林为北方针叶林，南方以混阔叶林（包括桦树、白杨、橡树等）为主。西伯利亚地区优势树种为落叶松；西部其他重要树种为挪威云杉、欧洲赤松；西伯利亚还有一些其他品种的云杉、松树和冷杉。

橡　树

橡树原产于印度、马来西亚及印度尼西亚一带，现在世界各地均有种植。印度橡树生长可高至20米，在热带森林，有些更可以高达30米。由于印度橡树适宜种植于良好、潮湿的泥土及有庇护的地方，所以经常被种植于公园及花圃中作为填补空隙之用。橡树是世界上最大的开花植物；生命期比较长，它有长寿达400岁的。果实是坚果，一端毛茸茸的，另一头光溜溜的，好看，也好吃，是松鼠等动物的上等食品。

在林龄结构中，成熟林和过熟林占绝大多数。无论是针叶林还是阔叶林，其成熟林和过熟林蓄积量居多，且比较集中地分布在亚洲部分。过熟林特点是生长衰退、病腐木增多，应及时采伐利用。而成熟林如果不及时采伐会造成病虫害，以及树木腐朽无用。

亚马孙雨林

亚马孙雨林位于南美洲北部亚马孙河及其支流流域，为大热带雨林，面积六百万平方千米，覆盖巴西总面积40%。北抵圭亚那高原，西接安第斯山脉，南为巴西中央高原，东临大西洋。

亚马孙热带雨林蕴藏着世界最丰富最多样的生物资源，昆虫、植物、鸟类及其他生物种类多达数百万种，其中许多科学史上至今尚无记载。在繁茂的植物中有各类树种，包括香桃木、月桂类、棕榈、金合欢、黄檀木、巴西果及橡胶树。桃花心木与亚马孙雪松可作优质木材。主要野生动物有美洲虎、海牛、貘、红鹿和多种猴类。

拓展阅读

金合欢

金合欢属于含羞草科，约700种，广布于全球的热带和亚热带地区，尤以大洋洲和非洲的种类最多。中国连引入栽培的共有16种，分布于西南和东南部。其木材坚硬，可制贵重器具；花可提芳香油；荚、树皮和根可作黑色染料，亦供药用。

20世纪，巴西迅速增长的人口定居在亚马孙热带雨林的各主要地区。居民伐林取木或开辟牧场及农田，致使雨林急剧减少。20世纪90年代，巴西及各国际组织开始致力于保护部分雨林免遭人们侵占、开辟和毁坏。

亚马孙雨林的生物多样化相当出色，聚集了250万种昆虫，上万种植物和大约2000种鸟类和哺乳动物，生活着全世界鸟类总数的$\frac{1}{5}$。有专家估计每平方千米内大约有超过75000种的树木，15万种高等植物，包括有9万吨的植物生物量。

镜泊湖地下森林

镜泊湖地下森林又称“火山口原始森林”，和镜泊湖区1200多平方千米的面积共同列为我国国家级自然保护区，位于黑龙江省镜泊湖西北约50千米处，坐落在张广才岭东南坡的深山内，海拔1000米左右。

当游人踏上张广才岭东南坡，沿着山路上行，登上火山顶时，眼前会突然出现一个个硕大的火山口。据科学家考察得知，经千万年沧桑变化，大约1万年前的火山爆发，形成了低陷的奇特罕见的“地下森林”，故称火山口原始森林。这些火山口由东北向西南分布，在长40千米、宽5千米的狭长形地带上，共有十个。它们的直径在400~550米，深在100~200米。其中以3号火山口为最大，直径达550米，深达200米。

地下森林中蕴藏着丰富的植物资源，有红松、黄花落叶松、紫椴、水曲柳等名贵木材；人参、黄芪、三七、五味子等名贵药材；木耳、榛蘑、蕨菜等名贵山珍。

知识小链接

五味子

五味子，俗称山花椒、秤砣子、药五味子、面藤、五梅子等，唐朝《新修本草》载“五味皮肉甘酸，核中辛苦，都有咸味”，故有五味子之名。古医书称它荎藸、玄及、会及，最早列于《神农本草经》，中药功效在于滋补强壮之力，药用价值极高。

地下森林也有着丰富的动物资源。林间常见有鸟儿飞行、蛇儿爬行、兔儿跳行、鼠儿穿行，一片生机盎然。据科学家考察得知，这里不仅有上述小动物出没，而且有马鹿、野猪、黑熊等大动物出没，甚至还有世所罕见的国家保护动物青羊出没，堪称“地下动物园”。

俄罗斯科米原始森林

科米原始森林位于俄罗斯乌拉尔山麓，占地面积为328万公顷，其中有65万公顷属于缓冲地带。它是目前欧洲现存面积最大的一片原始森林。森林中自然风光秀美无比，有着完整而平衡的生态系统，许多珍贵稀有的物种都在这里安家落户。林木葱茏、山川秀丽的科米原始森林属于亚寒带森林，东北端植被为苔原植被，即苔藓、地衣和矮灌丛，向南矮树逐渐被茂密的针叶林所替代。1984年，该地区被联合国教科文组织列入“生物圈保护计划”。

科米原始森林

科米原始森林的海拔在98～1895米，森林东部与著名的乌拉尔山脉密不可分，高山冰河是这一带的典型地理特征，沿着山麓小丘的石灰岩经分解形成了喀斯特地形。蜿蜒起伏的西部主要是由沼泽、低地、河床以及一些小山组成的。该森林1月份的平均温度为零下17℃，7月份的平均温度在12～20.5℃。年平均降水量为525毫米。一年中雪层有7个月厚达100厘米。

科米原始森林是全欧洲唯一生长西伯利亚松树的地方。科米原始森林西部海拔较低的湿地上生长着泥炭藓、越桔和野生的黄莓，岛上则满是柳树、欧洲花楸、山梨、虎耳草科黑醋栗和樱桃树。原始森林中，有德国松树、西伯利亚木松和红松等高大乔木。从沼泽地一直延伸到乌拉尔山麓的主要是落叶松森林；山谷中生长着茂密的云杉和冷杉；亚高山带矮树林中的植物主要包括银莲花、芍药属植物和伞形植物。

知识小链接

银莲花

银莲花属于毛茛科银莲花属，约一百五十多种，多年生或一年生草本植物。狭义的银莲花是指所开花卉的通称。又因开展银莲花、草地银莲花及白头翁银莲花等象征复活节，且其花似为风所吹开，故又称“风花”、“复活节花”。

科米原始森林中既有代表性的欧洲动物又有典型的亚洲动物，使它成为了一个自然界的大家庭。森林中的哺乳动物有野兔、松鼠、海狸、灰狼、狐狸、褐熊、鼬鼠、水獭、松貂鼠、紫貂、狼獾、陆地大山猫和麋鹿等。麝香鼠是该地区引进的物种。

森林中的鸟类繁多，欧洲雷鸟、黑雷鸟、黑松鸡、淡褐色松鸡、斑乌鸦、黑啄木鸟、三趾啄木鸟、星鸦、白颊鸭、秋沙鸭、水凫和水鸭等鸟类栖息在这里。鱼类共计有 16 种，其中包括大马哈鱼、河鳟和白鱼等。

麝香鼠

过去由于人们很难接近这片原始森林，以至于直到 18 世纪末人们才开始对这一地区进行了相关研究。1915 年，在该地区工作的森林学家首次指出有必要在此建立自然保护区，1928 年一个专门委员会对此进行了论证研究。1949 年，科米

原始森林里建起了第一块试验农场，负责对麋鹿的人工养殖工作和研究。后来前苏联自然科学研究院又陆续在森林中设立了许多长期工作站。

科米原始森林中壮观的瀑布群、葱郁的小岛以及奔流不息的河川，迄今为止已吸引了约2000人前来观光旅游。森林里数不胜数的自然遗产包括山脉冰河的地理构造，为我们提供了地质演变的范例。

中国西双版纳原始雨林

西双版纳原始雨林位于云南西双版纳，由勐海、勐养、攸诺、勐仑、勐腊、尚勇六大片区构成，总面积约2854.21平方千米。

西双版纳地处北回归线以南的热带北部边沿，属热带季风气候，终年温暖、阳光充足，湿润多雨，是地球北回归线沙漠带上唯一的一块绿洲，是中国热带雨林生态系统保存最完整、最典型、面积最大的地区，也是当今地球上少有的动植物基因库，被誉为地球的一大自然奇观。

五千多种热带动植物云集在西双版纳近两万平方千米的土地上。“独木成林”、“花中之王”、“空中花园”、婀娜的孔雀等，都是大自然在西双版纳上精心绘制的美丽画卷，是不出国门就可以完全领略的热带气息。

区内交错分布着多种类型森林。森林植物种类繁多，板状根发育显著，木质藤本丰富，老茎生花现象较为突出。区内有8个植被类型，高等植物有3500多种，约占全国高等植物的八分之一，其中被列为国家重点保护的珍稀、濒危植物有58种，占全国保护植物的15%。区内用材树种816种，竹子和编织藤类25种，油料植物136种，芳香植物62种，鞣料植物39种，树脂、树胶类32种，纤维植物90多种，野生水果、花卉134种，药用植物782种。该地区是中国热带植物集中的遗传基因库之一，也是中国热带宝地中的珍宝。并有近千种植物尚未被人们认识，植物物种之多实属罕见。如树蕨、鸡毛松、天料木等已有100多万年历史，被称为植物的“活化石”。这里还有一日三变的“变色花”、听音乐而动的“跳舞草”、能使酸味变甜味的“神秘果”。除了作为经济支柱产业的橡胶、茶叶之外，还有中草药植物920多种，新引进国外药用植物20多种，如龙血树、萝芙木等。

知识小链接

神秘果

神秘果属山榄科神秘属，常绿灌木，原产西非，自然分布在西非至刚果一带，印度尼西亚的丛林中也有发现。20世纪60年代引入我国海南、广东、广西、福建种植。神秘果树高2~4米，枝、茎灰褐色，且枝上有不规则的网线状灰白色条纹，叶面青绿，叶背草绿，琵琶形或倒卵形，花小、腋生、白色；单果，椭圆形，成熟果皮鲜红色，肉薄，乳白色，味微甜，汁少，种子1枚、褐色。果实7~8月成熟。神秘果肉中含神秘素，能改变人的味觉，吃神秘果后几小时内吃酸的食物，味觉显著变甜。神秘果可鲜食，也可制成酸性食品的助食剂，制成糖尿病人需要的甜味的变味剂。

在热带雨林中，生活着一个动物的王国，栖息着539种陆栖脊椎动物，约占全国陆栖脊椎动物的25%；鸟类429种，占全国鸟类的36%；两栖动物47种，爬行动物68种，占全国两栖爬行动物的20%以上；鱼类100种，分属18科54属，占云南省鱼类总科属的69%，占总属数的40%，占总种数的27%。其中亚洲象、兀鹫、白腹黑啄木鸟、金钱豹属世界性保护动物。野象、野牛、懒猴、白颊长臂猿、犀鸟等13种，列为国家一类保护动物，占全国一类保护动物总数的19%；绿孔雀、穿山甲、小熊猫、金猫、菲氏叶猴等15种，列为国家二类保护动物，占全国二类保护动物总数的30%；小灵猫、灰头鹦鹉、鹰等24种，列为国家三类保护动物，占全国三类保护动物总数的39%。以一类保护动物犀鸟为例，目前我国仅有4种，都分布在西双版纳，是鸟类中的珍品。此种鸟雌雄结对，从不分离，如一方不幸遇难，另一方会绝食而亡，殉情而死，有“钟情鸟”之美称。

西双版纳的望天树主要分布在勐腊自然保护区，分布面积约100平方千米，分布地域狭窄，数量稀少，为国家一类保护植物。望天树是典型的热带树种，对环境要求极为严格。因其种子较大，在自然条件下，有的尚未脱离母体就已萌芽，影响了种子向远处传播，影响了传宗接代，大约需要2000粒种子才有一株能长成大树。

已开发的望天树景点距勐腊县城约20千米。望天树高可达六七十米，最

高的达80多米，是名副其实的热带雨林“巨人”。当车子停在“巨人”的脚下，仰望直指蓝天的巨树，你会突然觉得自己变得微小和低矮。看望天树，既是望天，又是望树。望天树的特点是树干高大笔直，挺拔参天，有“欲与天公试比高”之势。它的青枝绿叶聚集于树的顶端，形如一把把撑开的绿色巨伞，高出其他林层20米，只见其高高在上，自成林层，遮天盖地，因此人们又把望天树称为“林上林”。

为了保护好景区的望天树及其环境，在望天树林中，建了一条以高大树木为支柱，由钢索悬吊于35米高、500多米长的悬空吊桥——望天树空中走廊，此为世界第一高、中国第一条空中走廊。走在高高的树林中间，有一种欲上太空探险之感。在空中走廊走一走，逛一逛，呼吸着雨林过滤好的清新空气，一阵阵清香直沁心脾，令人顿感神清气爽。走廊边的树木藤蔓相互缠绕，每一棵树都是一个不简单的生态系统；每看一眼，都是一个全新的画面；每一个镜头，都是这座博大精深的自然博物馆的珍藏品。

西双版纳以山地为主，山地约占总面积的95%，宽谷盆地约占5%。西双版纳热带雨林地处热带北部边缘，横断山脉南端，受印度洋、太平洋季风气候影响，形成具有大陆性气候和海洋性气候兼优的热带雨林。西双版纳热带雨林是一部尚未被人类完全读懂的“天书”，是一个丰富多彩的“植物王国”、“动物王国”。为了保护这片中国唯一的热带雨林，早在1958年就建立了西双版纳自然保护区。该保护区是中国热带森林生态系统保存比较完整、生物资源极为丰富、面积最大的热带原始林区。此保护区占西双版纳土地面积的12.63%，森林覆盖率高达95.7%。2000年，我国又批准纳版河自然保护区升格为国家级自然保护区。这是我国第一个按小流域生物圈理念建设的保护区，扩大了热带雨林保护的面积。世界上与西双版纳同纬度带的陆地，基本上被稀树草原和荒漠所占据，形成了“回归沙漠带”，而西双版纳这片绿洲，犹如一颗璀璨的绿宝石，镶嵌在这条“回归沙漠带”上。